U0173651

北京中轴线上曾有多条古河道

有的至今仍在使用

有的已湮没于地下

述说已经消失的埋藏古河道、古湖泊

CENTRAL AXIS AND
BEIJING'S ANCIENT CHANNEL

中轴线与北京古河道

岳升阳 —— 著

北京出版集团
北京出版社

图书在版编目（CIP）数据

中轴线与北京古河道 / 岳升阳著. — 北京：北京
出版社，2023.5
ISBN 978-7-200-17212-6

Ⅰ. ①中… Ⅱ. ①岳… Ⅲ. ①城市规划—北京—普及
读物②河道—北京—古代—通俗读物 Ⅳ.
① TU984.21-49 ② K928.6-49

中国版本图书馆 CIP 数据核字（2022）第 103912 号

责任编辑：魏晋茹　　责任校对：赵贝培
责任印制：陈冬梅　　责任营销：猫　娘
装帧设计：林海波

中轴线与北京古河道
ZHONGZHOUXIAN YU BEIJING GU HEDAO
岳升阳　著

出　　　版　北京出版集团
　　　　　　北京出版社
地　　　址　北京北三环中路 6 号
邮　　　编　100120
网　　　址　www.bph.com.cn
总 发 行　北京伦洋图书出版有限公司
印　　　刷　北京华联印刷有限公司
开　　　本　880 毫米 ×1230 毫米　1/32
印　　　张　7.75
字　　　数　146 千字
版　　　次　2023 年 5 月第 1 版
印　　　次　2023 年 5 月第 1 次印刷
书　　　号　ISBN 978-7-200-17212-6
定　　　价　98.00 元

如有印装质量问题，由本社负责调换
质量监督电话　010-58572393

目录

前言

中轴线是什么

北京城中轴线的地貌环境

中轴选址古湖边

结语

前言

　　北京老城中轴线以明清古代宫殿建筑和城市礼制、标志性建筑为核心，辅之以道路系统，绵延7.8公里。它是北京城市文化价值的重要组成部分，是北京城市的亮丽名片。

　　古人设计都城中轴线，必然要尊重既有的地形地貌，注重山形水系。北京老城中轴线附近虽无山冈，却有河流湖泊，成为中轴线设计上需要参照的龙脉要素，河湖水系是研究北京中轴线时绕不开的地貌背景。

　　北京中轴线上曾有多条古河道，有的至今仍在使用，有的已湮没于地下。主要有距今4000多年至距今约2000年的古高粱河、距今约2000年至辽代的高粱河、距今约1800年至金代被称为"宫左流泉"的引水渠、唐辽之前的珠市口南古河道、金代金口河（闸河）、元代积水潭（海子）、元大都南护城河、元代通惠河和明清玉河、元代金水河、元代金口新河及明清三里河、明清时期的筒子河、明清时期的外金水河、明清时期的内金水河、明清内城南护城河、明清天桥河道、清代天桥南水泡子、明清北京外城南护城河，还有其他皇城内的小沟渠。在中轴线北延长线上，有钟楼北面的清代水泡子、车箱渠故道暨元代坝河上游河道和明清内城北护城河、元大都北护城河、清河。在南延长线上有2000多年前的㶟水故道、隋唐永济渠故道和凉水河。其中，中轴线延长线上的河道，今天仍在使用的筒子河和内外金口河、外城南护城河不在本书述说范围，本书的重点在于通过文献考证和地层剖面分析，结合绘图和照片，述说已经消失的埋藏古河道、古湖泊，为人们了解中轴线的历史和地貌环境，提供一些平时少有接触，又可资参考的历史信息，以利于更全面地认识北京老城中轴线。

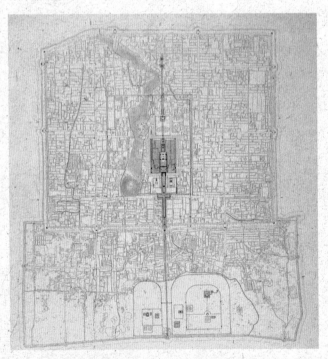

北京城中轴线示意图（侯仁之存图）

中轴线是什么

中轴线是什么

中轴与中轴线

北京正在推进中轴线申报世界文化遗产的工作，中轴线的概念遂为全社会所关注，而申遗的推进则极大地带动了北京文化遗产保护工作。中轴线的文化观念是中国传统文化的核心内容之一，它不仅存在于中国，也影响到周边国家，成为一个大区域的文化现象。而它的起源和发展在中国，它在城市建设上的集大成者在北京。

当我们说到中轴线时，需做一点说明。"中轴线"作为一个词是近代以来出现的，为梁思成先生所提出。它指的是建筑或城池的中线，人们依此来规划建设宫殿和城市，以此来表达礼制秩序和风俗习惯。

中国古代没有这个词，古人讲"中轴"指的是中枢，即车轮中间的轴，周围有轮毂、辐条环绕。古人说某人"坐拥中轴"，即是指其位居中枢，是朝廷要员。

车轮中轴示意图

　　"中轴线"一词虽是近代才出现，但用它来表达的思想却已有数千年的历史，中轴线的观念与中的观念密不可分，它是中的延伸和发展，是中在物质形态上的深化，也是中在国家体制和社会生活层面的展现。在内涵上，它是中国传统社会观念的体现；在外在形态上，则凝聚于设计上的中线，体现出轴线的形态。

　　从内涵上看，社会存在决定社会意识，中轴线所概括的思想体现的是中国以血缘家族为纽带的传统宗法社会的特性。为维持社会的稳定与传承，形成一整套严密的制度规定和风俗习惯。这套制度可谓家国一体，它虽以家族为基础，但在构成社会和国家时，又有了非家族的地域成分，要协调二者关系，就形成了国家的礼制，以协调和维护国家层面的长幼尊卑、远近亲疏和内外有别等关系。在民间则通过风俗习惯来维持社会的秩序。此即清代人所说的，在官为礼，在民为俗。它们本质上是一个东西，只是体现的社会层面不同而已。

"宗法制指以血缘关系为基础，以父系家长制为核心，以大宗、小宗为准绳，按尊卑长幼关系制定的伦理制度。"[1] 宗法制度是血缘与政治结合、族权与政权合一的制度。人们为了维护这样一个社会的稳定，从一开始就从生活的各个方面来约束人们的活动，制定出越来越缜密的规定。例如新石器时代中期房屋受到建筑技术的限制，多为圆形的地穴或半地穴形式，后来随着技术发展，成为方形，并从地下走向地面，又从地面走向高台。方形房屋可以展开更多的开间，高台可以有高低的差异。人们后来给房屋建筑式样上的差异赋予了身份地位的象征，在老北京城里可以看到，三开间与五开间的大门级别不同，房屋的中堂与侧室地位有别，东西、左右各有差异，房屋台明的高低也用来表达身份地位的不同，当房屋组成院落时，又有了空间纵深上的差异，这些不同都是围绕着"中"的观念展开的。而在纵深的排列关系上，则离不开贯穿建筑群的中线。于是，设计上的中线在观念上超出了技术的层面，成为礼制与风俗的体现者。

宗法的血缘社会决定了远近亲疏的等级，城市的建筑和城市的布局就要为这种等级关系服务，维持它的秩序，它后来成为以儒家思想为代表的伦理规范和礼制体系。于是，有了宫殿上由"中"展开的种种设计，尤其是围绕中线的对称设计，以此为基础，又有了宫城以中线为准绳的设计，有了都城布局和郊坛位置的设计，也有了民居布局上的设计。

在中国古代社会中，建筑设计上的中线被赋予了更多的含义，其中最重要的就是今人概括为中轴线的观念。它大致表现为中线对称的，横向和纵向有序排列的建筑物布局。它作为一种文化现象，不论在国家的礼制建筑中，还是在民间建筑中都真实地体现出来。

中轴线设计观念的出现

在中国新石器时代后期的聚落中，当方形建筑成为主要形式后，就逐渐出现了对称布局的设计思想，一座建筑由中间向两边对称展开，于是需要有中线来辅佐设计和建造，它后来影响了整个历史时期。不论是战国中山王墓出土的兆域图，还是清代样式雷的建筑设计图，都显示出建筑的中线。

在古代匠人那里，中线不必实际画出，他们早已了然于胸，一把营造尺在手，就可以在施工现场依心中的中线设计出建筑来。由建筑到院落，再到宫城和大城，都遵循这样的中线理念。

中轴线不是虚无缥缈的概念，它是中国文化的一个特性，是中国都城设计的关键理念之一。作为思想，它应属于非物质文化遗产，而依中线而建起的宫殿和宫城，则是这一理念的物化表达，是珍贵的物质文化遗产。

利用中线的设计，可以体现远近亲疏、上下尊卑的社会秩序，可以安排各种礼制建筑，实现左祖右社的布局，有了宫殿中央的皇帝专属御路和两侧臣属所用道路的区别等设计。于是，形成贯穿整个宫城的中轴线布局，并延伸到大城正门和其他礼制建筑。

礼制在于维系秩序，而要在城市和宫殿建筑上实现秩序，又要有一套理论的指导，这就是风水数术与儒家理论的结合，把古人心中的天地人鬼神与现世协调起来，以使统治者得以安心，它必然要在宫殿中轴线和都城建设上体现出来。

所以这条轴线也是思想文化的体现，它的基本思想是一个"中"字，在此基础上，不同时期的统治者赋予了它诸多意义。汉代以来，随着儒家思想占据统治地位，儒家思想成为中轴线理念的主导。统治者赋予了它哲学的意义，以协调天人关系，解决权力的合法性问题。它被赋予政治文化的寓意、伦理的寓意，以维系儒家思想的道统，维新统治秩序。如皇城正门称承天门、应天门、天安门等，体现奉天承运、皇权天授的理念。又如正殿称太极殿、皇极殿、太和殿等，体现皇权至上或治国理念等等。今人对它的文化含义进行了大量的诠释，或归纳为中和的思想，或体现出皇权至上观念，或呈现为天人一体、阴阳和谐的观念，或挖掘出几何空间的模数规律，呈现象天法地的建筑布局等，或寻找出多民族文化融合的要素。随着探索的深入，条理愈加清晰，结构愈加完整，思想愈加丰富，古今愈加融合，成为今天的宝贵文化财富。

这样一条中轴线构造，成为中国近2000年来都城的核心景观，它是都城的脊梁，是中国文化基因的重要组成部分，也是都城建设中对"中"的线状表达。中轴线体现的是礼制与风俗，而以礼制为重心。都城礼制的载体离不开中轴线，没有它则难以成纲纪，难以系正统。清人凌廷堪说："儒者不明礼，六籍皆茫然。于此苟有得，自可通其全。"读懂儒家经典，需要懂得礼，可见明礼的重要性。同样的，要理解体现礼制的都城宫殿中轴线，也要理解传统的礼制，理解规划建设中的风水数术观念，否则只能是两眼皆茫然。例如左祖右社、前朝后寝就是一种礼制的约定，辨方正位离不开风水数术观念，它为近2000年间的都城所遵循，成为中轴线的文化之一。

注释：

1. 李文治：《中国封建社会土地关系与宗法宗族制》，《历史研究》1989 年第 5 期。

秦以前宫殿和宫城的中轴线

二里头宫殿轴线的雏形

　　元明清北京城展现的中轴线文化，不是一蹴而就的，而是在中国历史长河中，经历了漫长的形成演变过程。中轴线的设计观念出现很早，在3000多年前的河南偃师二里头夏代晚期文化遗址中，宫殿房屋就呈现出中轴线的设计理念。不但大殿建筑开间对称展开，而且有了院落中线的雏形，院落大门正对着正房的中间。

　　当时还没有形成维护社会秩序的完备礼制，人们似乎还不太懂得如何充分利用建筑形式来表达社会的等级差异，维护社会秩序，中轴对称的设计也只是雏形，没有后代皇宫那样严谨。

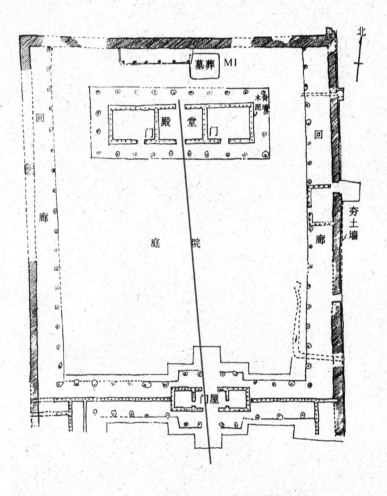

北

墓葬 M1

木骨泥墙

殿堂

门　门

回　廊

回　廊

夯土墙

庭　院

屋

二里头夏代晚期二号宫殿遗址中轴线示意图（据《中国古代建筑史》第一卷插图绘制）

11

西周时期的宫殿轴线

　　到了周朝，人们建立起完备的礼制，后人称其为礼乐时代。那时中轴线的设计理念已经扩展到大型宫殿院落，有了宫殿区的中轴线，人们用它来表达礼制。但有的大殿中央似乎还有柱子，说明在建筑形式的表达上还不够完善。到了秦汉时期已经完全解决这一问题，建筑物对皇权的体现更加顺畅。

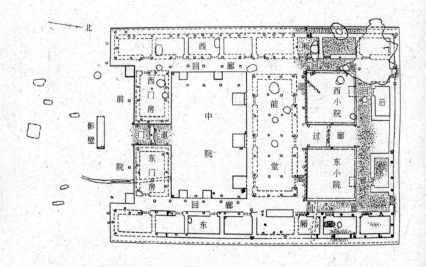

西周宫殿中轴线的体现

（中国社会科学院考古研究所《中国考古学·两周卷》）

都城中轴线的形成

两汉都城中轴线

两汉时期，在宫殿中轴线的建设上，又前进了一步，将宫殿区或宫城的中轴线扩展到整个都城。汉代都城从内向外，可分为宫殿、宫城、大城的不同层次，西汉初年的中轴线只体现在宫殿和宫城上。西汉的长安城是在秦代宫城旧址上兴建起来的，首先改秦兴乐宫为长乐宫，稍后在秦章台宫旧基上建未央宫，之后才在宫城之外围筑大城。西汉长安城内先后兴建起多座宫城，各宫室有自己的中轴线。从汉惠帝时起，皇帝住在未央宫，长乐宫由太后居住。未央宫的整个宫殿区宛如后代的皇城，有了东宫西苑格局，以未央宫为中心，由大城南面的西安门到大城北面的横门，形成一条近似的轴线，有了面朝后市的雏形。长乐宫有自己明确的中轴线，但宫殿的中轴线与宫城的中轴线并不统一，宫殿区位于宫城轴线的西侧，宫城的中轴线主要由道路表达出来。这条道路的南北两端延伸到宫城之外，由西安门到横门，贯穿整个长安城西部，后来又延伸到大城南门之外，成为郊外礼制建筑布局的中线，形成长安城实际的轴线。如图中红线所示。

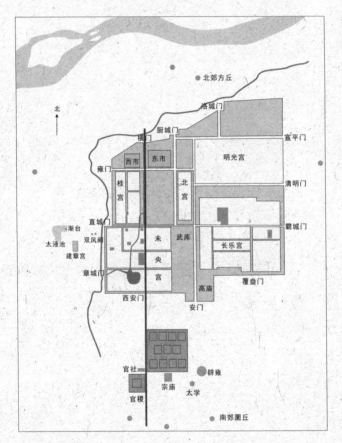

西汉长安城中轴线示意图

　　西汉武帝"罢黜百家，独尊儒术"，以儒家思想为正统。儒家思想逐渐体现到城市礼制建筑的设置上来，源于宫殿的中轴线设计思想逐渐影响到整个都城建设。西汉后期，依照儒家经典的表述，在长安城西南门西安门外建设明堂、辟雍等礼制建筑，以西安门外道路为中轴线左右布局，于是形成后世都城中轴线的雏形。但这时的城市中轴线还是以道路体现出来的，宫殿坐落于这条轴线的旁边，宫殿轴线与宫城轴线和大城轴线并不一致。

东汉以洛阳为都城，洛阳城内的宫城不再是东西向并列，而是南北向排列，宫城轴线与大城轴线趋于统一。皇帝的主要活动由南宫转到北宫，宗庙、社稷位于南宫前大道的两边，形成左祖右社的格局。但由于洛阳是在旧城基础上改造而成的，所以城市中轴线的表达并不完美，还只是近似中轴线的结构。可以说，直到东汉还没有形成完整统一的中轴线形态，东汉虽然受到儒家思想的强烈影响，礼制建筑的设计推进了中轴线的形成，但受到老城的束缚，宫殿、宫城和大城的中轴线并没有统一起来。

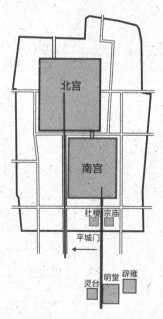

东汉洛阳城中轴线示意图

曹魏邺城中轴线

都城中轴线的真正形成是在曹魏邺城实现的。曹魏邺城选址于原野，没有前朝城市格局的约束，宫殿中轴线与城市中轴线统一的理念得以充分表达出来。邺城的宫殿区受东汉洛阳城影响，位于城池北部的中央，主要大殿位于宫城中央的中轴线上，宫城南门为了与大城南门相通，形成贯穿大城的南北向中央大道，宫城与大城有了统一的中轴线。

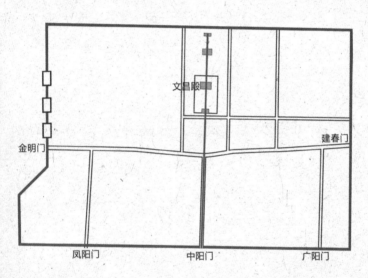

曹魏邺城中轴线示意图

邺城虽无皇朝都城之名，却有其实，它开启了都城依中轴线布局的形式，引领了此后的都城设计。从曹魏起，洛阳城逐渐向单一轴线转变，太社、太庙位于中轴线两侧。

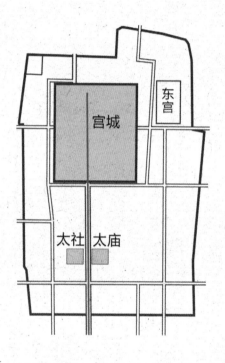

魏晋洛阳城中轴线示意图

隋唐长安城中轴线

这种宫城与大城结合的中轴线设计方式，在隋唐长安城得以充分表现出来，形成对称布局严谨、中轴线明确、建设规模宏大的都城。长安城犹如白纸作画，不受前朝旧城的束缚，因而可以完整表达当时人的设计理念，它将宫殿、宫城、大城的中线统一起来，形成贯穿全城的中轴线，成为中国都城发展史上的标志性设计。

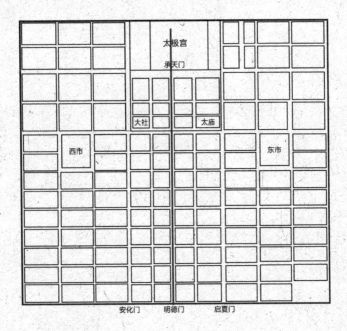

唐代长安城中轴线示意图

北宋汴京中轴线

北宋都城开封原为唐代汴州城，五代时成为都城，宫殿在城的北部，南有大道通大城南门，继承了邺城以来的都城格局。五代后周时期环绕大城建筑外郭城，形成宫城、里城、外城层层环绕的格局，宫殿遂位于全城中央，宫城向南的大道贯穿里城和外城南部。北宋在此基础上建设都城，城市格局虽与唐代长安城不同，但宫城与大城统一中轴线的理念被继承下来，并直接影响到金中都和元大都的中轴线设计。

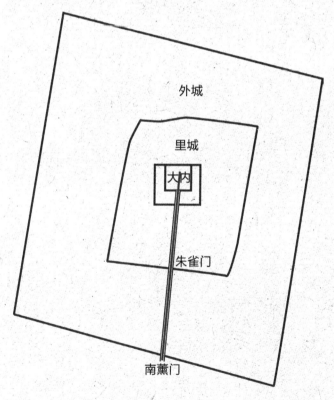

北宋汴京开封中轴线示意图

中轴线的核心作用之一是确定大内方位，进而规范宫殿区和其他礼制建筑的布局。北宋宫殿区分为左、中、右三路建筑，中路建筑位于中轴线上，包括前朝后寝、宫城大门和门前设施等，中轴线由宫城的中央穿过，宫殿建筑的排列体现出中轴线的设计理念；由宫城大门至大城正门，有中央大道连接，由道路体现出城市的中轴线，它是大内中轴线的延伸。

金中都中轴线

金中都宫殿的中轴线是以北宋东京为蓝本建设而成的，在设计上 "制度如汴"，即宫室制度仿照北宋东京汴梁的宫室布局，但规模上要比北宋宫城大。它由大城南面正门丰宜门向北，过龙津桥、皇城宣阳门，经千步廊，入应天门，穿过整个大内，又出皇城北门拱辰门，至大城北门通玄门。金中都像北宋东京一样，是在原有老城基础上扩建而成的，它的中轴线位置和方向都免不了要受到前朝城市格局的影响。在宫殿和中轴线设计上，金中都主要还是对北宋东京的模仿和继承，缺少新的创造。尽管如此，人们仍认为，金中都中轴线和北宋东京中轴线的设计共同影响了元大都的中轴线设计。

中国古代都城的中轴线大多存在偏角，不是今天意义上的正南正北，金中都的中轴线似乎稍稍偏向西北。这或许是延续了前朝宫殿的中轴线特征，或许是定方位上的技术原因所致。中轴线的偏角常体现出设计者和统治者的观念，不同的王朝往往有不同方向的偏角，有的向左偏，有的向右偏，常是有意为之。当然，小的偏角也有可能是受到方位测定技术的影响，例如磁偏角的影响。稍向西北偏斜的中轴线特点被元大都所继承，其内在原因为何，尚不清楚，研究者多认为与定位方法有关。

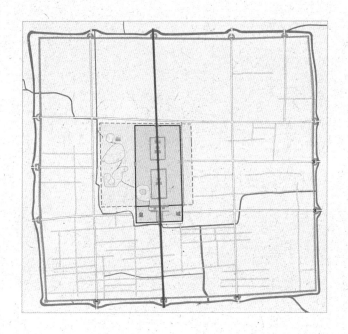

金中都中轴线示意图

元大都中轴线

在经历宋、金都城发展阶段之后，中国都城建设又迎来一次在白纸上作画的机会，这就是元大都城的建设。它有机会将数百年间得到进一步发展的宫殿建设理念和中轴线观念，不受旧城约束地、完整地表达出来，是中国数千年间中轴线发展演变的集大成者，也奠定了今天北京城中轴线的基础。

1215年，蒙军占据金中都，虽称其为燕京，却并没有当作都城。直到40多年后的1260年，忽必烈继承大汗位后，才考虑在燕京建设都城。1264年改燕京为中都，1267年开始大都城建设。大都城建设和古代其他都城建设一样，首先从宫城建设开始，1272年宫城建成，同年开始大城建设。1276年大城建成。元大都给今天北京城留下的最大文化遗产是它的中轴线，这条中轴线经明清两代的继承和发展，成为今天北京老城最重要的文化遗产。经1949年以来的发展演变，今天北京城的中轴线仍是北京城的脊梁，是它的重要标志物。

元代文献中第一次为我们提供了都城宫殿区中轴线的确定方法，《日下旧闻考》引《析津志》："世祖建都之时，问于刘太保秉忠定大内方向，秉忠以丽正门外第三桥南一树为向以对，上制可，遂封为独树将军。"这里说的是"定大内方向"，就是宫殿区的朝向。定朝向与中轴线有什么关系呢？这与宫殿的建筑方式有关，宫殿区的定位、布局首先要确定其中线，尤其是对称布局的宫殿区建设，需要有中线，这在兆域图和样式雷的设计图中都可看到，可谓一脉相承。用一棵树来确定这条线的走向，可以保证其精确性。这条中线的另一端在哪儿呢？文献没有留下记载。但文献中记载了大城的中心建有中心台，中心台是一个方一亩的台子，命名为"中心之台"，《析津志》

说它"实都中东南西北四方之中也"。它的位置与中轴线的走向基本一致，所以今人推测，中心台可能是中线的另一端。

中心台是否能确定宫殿中线的另一个端点并不重要，因为我们知道了中轴线的南端点和中轴线的角度，北端点可以在这条线上的不同位置，它不影响我们对中轴线文化现象的认识。

其实，中心台有可能是鼓楼旁大天寿万宁寺中心阁的附属设施，它与元大都中轴线的设计并无关联。

中轴线的核心用途是确定宫殿建筑群和相关礼制建筑的位置，因而它并不贯穿整个大城，只存在于以宫殿区为核心的区域。

关于元大都中轴线的设计是今人感兴趣的问题，多少年来争论不休，起初，人们根据今天鼓楼西面旧鼓楼大街的名称，认为元代鼓楼位于旧鼓楼大街的南口附近，旧鼓楼大街代表了元大都的中轴线。明朝永乐年间建设紫禁城时，将宫城东移，放弃了元代的中轴线。直到20世纪五六十年代，清华大学的赵正之先生提出元代中轴线与明代中轴线为一体，才开始改变这一看法。20世纪60年代，徐苹芳先生主持了元大都考古，以赵正之先生的观点为指导，发现了许多遗迹，证明元明两代的中轴线确为同一轴线，未曾变化。这一观点为侯仁之先生等多数研究者所接受，成为主流观点。但他们仍然保留了元代鼓楼在旧鼓楼大街的看法，这给以旧鼓楼大街为中轴线的观点留下复活空间，不时有人重新提出来。改革开放以来，人们的思想越发活跃，传统风水堪舆观念受到重视，开始从风水堪舆角度对中轴线进行研究，并结合现代科学的推测。人们由此提出元大都中轴线设计的种种构想，创造性地丰富和发展了刘秉忠的设计理念，使中轴线文化现象变得更加深奥和神秘。

元大都中轴线并不是今天意义上的正南正北，它有一个向西北偏2度多的倾角。古人没有说明它为什么会偏斜，今人则做出了不同的猜测和解释。有人说它在测量上使用地磁子午线定位，有人说它对着北部某座山峰，还有人说它对着上都。古代城池的朝向大多会有一个偏角，正南正北者只是少数，但为什么会偏斜，偏斜的角度为何有大有小，却缺乏必要的记载，为今人留下许多解释的空间。

今天在解释中轴线的偏角时，应考虑到多方面的影响因素，找出其主要依据。例如，孤立地看元大都中轴线的偏角，会猜测它对准元上都，但金中都也有相似的偏角，它又该对准什么呢？

中轴线的偏角或源于测量方法，从宋代起磁罗盘的使用不但促进了航海，也影响到堪舆方位的确定，今天的研究者注意到磁偏角对中轴线的可能影响。金元都受到宋文化的影响，定大内方向的方法自然也不例外。当然，也有可能源于其他某种特定的堪舆观念或数术思想，如利用特定时刻的星宿定位，这需要人们去探究。当我们一时还说不清楚时，可以暂且存疑，也可以发挥想象力，做一番猜测，保留它神秘的面纱。

　　而我们在解释大内方向时不要忘记"独树将军"，它是规划中轴线的定位点，不论是述说磁偏角、真子午线、星宿，还是其他的风水线，都应以之为参照，以便形成令人满意的推测。

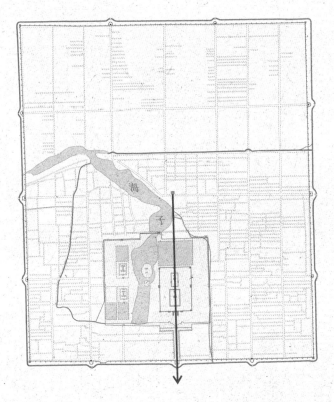

元大都中轴线示意图

明北京城中轴线

明朝夺取元大都之后，大都降为北平府。洪武三年（1370）朱棣受封燕王，驻守北平。朱元璋同意燕王用"元旧内殿"建立自己的王府，十二年（1379）燕王府向皇帝呈交了燕王府图纸。燕王府规模宏大，《明太祖实录》载，王城内有房屋300多间，王城内外共有宫殿室屋811间。今人多认为燕王府建于元朝大内西侧的太液池西，不在元故宫内，因为王府有一定格式，不能越制。燕王登基做了皇帝后，于永乐年间在元故宫基础上，遵循南京祖制，建紫禁城，延续了元朝宫室的中轴线，而且随着大城向南扩展了800多米，中轴线也随之向南延伸至明朝大城的新南门正阳门［初仍名丽正门，正统四年（1439）改］。正阳门外大道向南延伸到天地坛、山川坛。嘉靖年间建外城，中轴线进一步延伸到永定门，这条中轴线为清代北京城所延续。然而关于明代与元代是否为同一条中轴线的问题，至今仍争论不休，有认为是同一轴线者，有认为是两条不同轴线者，各抒己见。

中轴线与水系

都城中轴线的选址是以尊重自然地貌为前提的，在近无山冈可为依据时，河湖水系和微地貌的起伏变化成为中轴线选址的重要依据，这也是对天意的尊重。于是我们看到，河湖水系与都城中轴线之间形成紧密关系，地上的河湖与天河对应，发挥了重要作用。

古人很早就将河湖引入宫殿区，形成宫苑一体的格局。汉长安城的未央宫有沧池，建章宫有太液池。唐长安太极宫有东、西、南、北四海，大明宫有太液池。至宋东京城，有金水河通入宫城，汴河、蔡河横穿城市中轴线，分别架有州桥和龙津桥。这样的布局直接影响到金中都和元大都。金元两代都城的中轴线上，保留了周桥和龙津桥（也称天津桥），成为礼仪的配置，同时在皇城西部保留了大面积的湖泊。元代依湖泊而设计宫殿，将湖水比喻为天上的银河，融入都城设计的理念。金水河则成为宫门前的必备设施，到明清竟形成内外两重金水河，礼制的作用愈加明显。水域的设置，为都城中轴线增添了灵性，人与自然愈加和谐，同时也赋予中轴线更加丰富的寓意。人们对它的解释也不尽相同，水与中轴线的关系仍需探索。

　　北京城的中轴线设计至今还有许多谜，众多假设也难定论，我们还需拓宽研究思路，从多角度探索，使我们的认识接近于历史的真实。为此，本书尝试利用大地文献的解读，研究中轴线沿线古河道地层中包含的文化元素，来佐证文献记载，缩小我们在分析北京中轴线设计问题时的不确定性，以求对北京中轴线研究有所帮助。

北京城
中轴线的
地貌环境

北京城下的大地文献

何谓大地文献

文献本是由文字记载的图书资料，大地不属于文献。但大地也承载了人类活动的信息，厚重的地层宛如一本大书，通过地层的沉积、堆积特征，以及地层中夹裹的文化遗物，记录了人们活动的历史。于是我们也可以把它比作一部特殊的文献，即"大地文献"。

20世纪初，当近代考古学传入中国后，历史学家们受到极大震动，原来史料不仅存在于书本，也埋藏于地下，他们恨不得撸起袖子亲自干，来个"上穷碧落下黄泉，动手动脚找东西"（傅斯年）。殷墟发掘就是他们最重要的实践。然而，大地这本书的阅读是一次性的，哪里一旦翻开，就再也合不上了，它将永远地消失，这是阅读大地文献时，需要谨慎对待的问题。

翻开了大地文献，怎么解读，也是个难题，它需要人们利用多方面的知识，从不同角度解释地层中的现象。

大地这本书过去都是由考古学家翻阅的，我们只是看人家的解读。可是每个人的解释不尽相同，阅读的兴趣也大不一样，光靠考古学家读给我们听，显然是不够的，我们有时也需要亲自阅读，以了解自然的演变过程和人与自然的关系。

阅读大地文献有不同的角度，历史地理研究者的阅读，既不是考古，也不是寻宝，只是对地层进行科学的观察和记录，把地层中的现象提取出来，进行研究。他们调查地层的重点常是人与自然的关系、河湖水系和环境变迁。他们的调查可与考古发掘实现互补。

可是，大地这本书不那么好读，如何翻开它就是个问题。我们不是考古工作者，可以通过考古来翻开它。而要想在现代城市区域翻开这本书，就愈加困难，我们只能借助于建筑工程，当挖掘机挖开地层时，溜进工地，窥视一番，这是阅读大地文献的捷径。

多年来，我阅读北京城下大地文献的重点在于埋藏地下的古河道，于是看到了一些北京城中轴线下的埋藏河道现象，在此做些叙述，以便于我们了解这些古河道与北京城中轴线的关系，加深对北京城中轴线的了解。

侯仁之先生对北京城下大地文献的解读

历史地理学研究的是过去的地理现象。北京大学的侯仁之先生是现代中国历史地理学的开创者，也是考古学之外第一位对北京城下的大地文献进行科学阅读的人。

20世纪30年代，侯先生在燕京大学读书期间，就已经开始调查北京的河湖水系和河流故道了。他曾到西山脚下调查清代石渠，与一位名叫李二的老人并肩坐在石渠上，听老人述说前朝修渠的故事。

侯仁之与李二老人（侯仁之存照片）

侯先生对北京老城大地文献的阅读，开始于北京城埋藏古河道的研究。这事儿得追述到1959年，那一年建设人民大会堂，地基挖下去数米，遇到了古河道，大量涌水影响到工程进度，急坏了工程建设者。人们想出各种办法要治服涌水，据参与工程的老人讲，他们甚至想到了冷冻的办法。最后，还是青年突击队凭借顽强精神战胜了涌水，保证工程按期完成。这件事给当时的领导和工人都留下了深刻的记忆。

1962年，北京市召开干部扩大会，市领导特邀侯仁之先生参加。会上市领导问："侯仁之来了吗？"侯先生站起来说"来了"。市领导向他讲述了修建人民大会堂时遭遇古河道的事情，请他挂帅，会同北京市地质地形勘测处

1961年50岁的侯仁之先生（侯仁之存照片）

开展北京城市地下古河道的调查，以便为后续城市建设做准备。人民大会堂正好位于北京老城中轴线的旁边，今天已经成为中轴线的组成部分。可以说，侯先生对北京老城大地文献的实地研究，是从中轴线地区开始的。

从那以后，北京大学地质地理系和北京市地质地形勘测处等单位一起，开展了多年的埋藏古河道调查。该研究首次将工程勘探资料与文献资料结合起来，"通过对100多个钻孔记录的整理分析，细密对勘，肯定了以往的研究结果，并弄清了它们的确切位置"。到1965年，在长安街与前三门之间找到5条古河道。1966年"文革"爆发，侯先生撰写的研究成果基本丧失，只留下几页草稿和一篇国家科委简报，埋藏古河道的研究被迫中断。[1]

1973年，最动荡的年代已经过去，侯先生也已从江西鲤鱼洲干校回到北京，研究工作再次开始。就在埋藏古

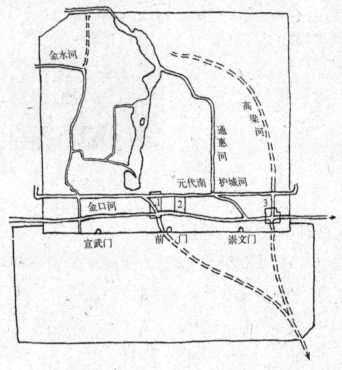

金水河

高梁河

通惠河

元代南 护城河

金口河

宣武门　　前门　　崇文门

━━━ 已查明地下废河道　　━ ━ 未查明地下废河道
1.人民大会堂　2.革命历史博物馆　3.北京火车站

侯仁之的研究成果图之一《今日北京城区地下废河道示意图》

34

河道的研究重新开始后不久，北京城地下又有了新发现。1973年，北京城内兴建一座大型建筑"乐新居"，它是当时北京城内最高的建筑。今天，恐怕没有几个人知道乐新居在什么地方。乐新居其实是北京饭店新楼的代号，北京饭店新楼位于王府井南口路西，当时是接待外宾的地方，工程为保密起见，起了个代号——乐新居。

北京饭店新楼地基有10多米深，在地下10米深处挖到2万多年前的德永象臼齿化石，在地下13米深处发现2.9万年前的古河道。侯先生应约前去调查，他将采集回来的砂土和草炭标本放在玻璃的标本盒中，视为珍贵样品，摆在书桌旁。

1976年唐山大地震后，北京开展地震地质会战，成立了北京市地震地质会战办公室，多家单位的数百人参加了大会战，想要找出京津地区地震的成因和未来趋势。侯先生领导的埋藏古河道研究被纳入会战之中。1976年10月，第一幅1∶10000《北京埋藏河湖沟坑分布略图》绘制了出来。

从1980年起，地震地质会战成果逐步形成报告，其中一份报告中附有《北京城区全新世埋藏河湖沟坑分布图》，就是侯先生课题组的成果。图中涉及多条北京城中轴线上的古河道。近年新修编的《北京历史地图集》第二集中有一幅《北京旧城埋藏河道图》，就是根据此图绘制的。

注释：
1. 国家科委研究室编：《埋在北京地下的旧河道是什么样子》，《科学研究试验动态》第737号，1966年2月21日。

海

定

区

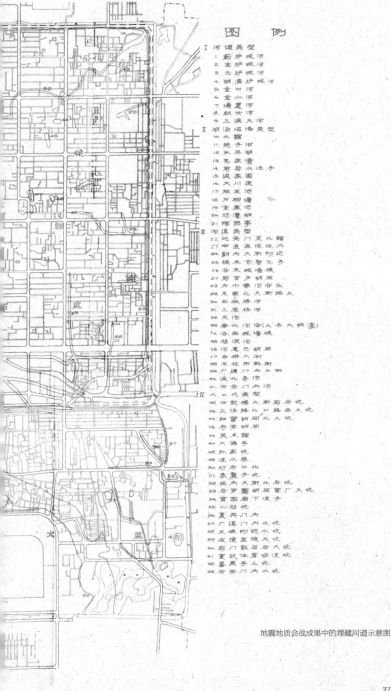

地震地质会战成果中的埋藏河道示意图

北京湾中的北京城中轴线

北京的地理位置

　　北京城位于华北平原北部，北纬接近40度，东经接近116度。地势西北高、东南低，城西最高处的东灵山海拔为2303米，东南最低处的通州南部海拔仅为8米。西部山地属太行山脉，北部山地属燕山山脉。北部与内蒙古高原相连；东南面向华北平原，距渤海仅约150公里，境内主要河流有永定河、潮白河、温榆河、拒马河、泃河等，均属海河水系，北京市国土总面积为16410平方公里。[1]

北京湾的生成

　　北京城坐落于华北大平原北部一处突入山地的小平原上，处在小平原中间的是通州城，东、北、西三面距山各约40公里，北京城靠近小平原的西部，距西山约20公里。北京城为何选在靠近西山的地方？因为这里有永定河冲积扇，有太行山东麓的古代大道。

北京的山地形成于中生代末，即距今2.25亿—0.7亿年前，分为三叠纪、侏罗纪和白垩纪，正是恐龙存在的时代。燕山在这一时期迅速隆起，人们称之为"燕山运动"，由此形成北京地区的构造轮廓，北部、西部大幅上升，平原区大幅下降。中国的传说中有所谓"天倾西北，地陷东南"，讲的是中国的地形西北高、东南低，北京也是如此，它是板块运动造成的。

北京湾示意图（马悦婷绘）

北京地区三面环山，宛若一处海湾，所以被称为"北京湾"。20世纪初美国地质学家维理士（B.Willis）对"北京湾"的命名有过一段描述："中国东部自北纬40°起，有大平原向北入丛山，形如海湾，其东南口径宽达45英里，山脉因之被横断，从平原视其四周之山岭犹海湾之于石壁，其湾澳之部分，名之曰北京湾，似为正当，此言可想见平原之形状矣。"[2] 称它为北京湾，不是真的有大海，而是说它形似海湾。

北京小平原的山水格局

北京小平原主要是在永定河、潮白河、温榆河等河流作用下形成的，北京城就坐落在永定河冲积扇的脊背上。永定河，人称北京的母亲河，发源于山西省宁武县管涔山，与汾河的源头一山之隔，相背而行。它在群山中蜿蜒1000多公里，经大同南面，阳原、逐鹿、怀来、北京的门头沟区，在石景山附近流出西山，来到北京小平原。据今人研究，十几万年前，它的上、下游分别是两条河，在延庆盆地形成大湖，上游由居庸关出山，下游由石景山出山，后来上、下游贯通，合而为一，都由石景山出山，水量随之大增。[3] 它在京西的石景山出山后，在山前形成一个冲积扇。

在北京小平原的东北面是潮白河，其上游为潮河和白河，北京东北一带是其冲积平原。在永定河和潮白河之间有温榆河。这几条河流为北京城的建立提供了一块三面环山的理想平原。

　　古人对北京城的山水格局曾有描述："幽燕自昔称雄，左环沧海，右拥太行，南襟河济，北枕居庸。"东面的沧海是渤海，西面的太行山是今天的北京西山，居庸所在地古代是军都山，今天属燕山。河济就是黄河、济水，在北京南面的华北平原上。这样的形势可以"居高驭重，临视乎六合"。这是从更大的地理环境来看北京城的位置。今天的一些研究者在说到北京城的兴建时，也要说到北面的燕山和西面的太行山，还有北京小平原，认为它们影响到北京城的选址或中轴线的确定。

注释：

1. 据 2000 年北京市国土局详查数据。

2. 叶良辅等：《北京西山地质志》，农商部地质调查所，1920 年。

3. 李华章：《北京地区第四纪古地理研究》，地质出版社，1995 年。

永定河冲积扇

永定河冲积扇的形成

今天人们说永定河是北京的母亲河，于是有了"永定河文化带"的说法，人们又将其同西山结合起来，称之为西山永定河文化带。

永定河是一条大河，夏季洪水来时，气势磅礴，裹挟大量泥沙，奔腾而下，因其水浑，古人称它为浑河，又因其色暗，也称它为卢沟，因其摆动无常，又称其为无定。当这样一条大河失去了大山的约束，在北京小平原上来回摆动时，就形成了永定河冲积扇，北京城就坐落在永定河冲积扇的中部。

永定河经过官厅水库后进入北京门头沟区，穿越西山峡谷，来到北京平原。由于永定河流经黄土高原和山地，含泥沙多，含砾石量大，出山后坡度骤然减缓，大量砾石、泥沙沉积下来，填平了凸凹起伏的沟谷、洼地，形成平原。永定河上游多年平均天然径流量3.412亿立方米，

永定河在北京小平原上形成面积广大的冲积扇

平时水小，洪水时最高可达5000立方米每秒，发起狂来，摧枯拉朽，在平原上留下一道道河谷。

从多年来的勘察数据看，在北京老城的中心地带，第四纪以来，即200多万年来，河流堆积地层厚达80多米，而到了东边的国贸一带，则厚达170多米。不论原来的基岩如何起伏不平，永定河都把它们抹成了一马平川。正是永定河的伟大创造力，为北京城的选址和建设，创造出理想的地理条件。

全新世永定河的摆动

永定河冲积扇是经过永定河的不断摆动实现的，今天我们对于永定河在北京小平原上的摆动过程了解得不是很多。人们经过大量实地调查和剖面分析，大致可以归纳出两次距今时间较近的由北向南的大摆动，它们所塑造的地貌特征，对北京先民的活动产生了直接影响，为中轴线选址提供了极佳的地理条件。

地震地质会战中，北京大学地质地理系课题组在北京平原永定河古河道的研究方面，通过对大量地层钻孔资料的分析，探明了4条永定河故道，分别命名为古清河、古金沟河、古漯水和古无定河。古漯水就是古灅水，那时铅

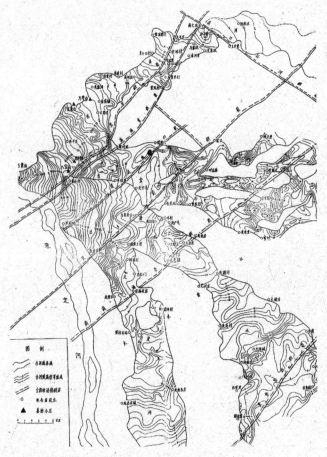

《北京历史地图集》引用的北大课题组绘制的永定河故道示意图

字中没有"灞"字，人们就把"漯"字当作"灞"字的简体来用，于是"灞水"写成"漯水"。

这几条河流并不是同时存在，它们是永定河在北京小平原上长期摆动形成的。具体说来，近三四万年来，永定河在北京小平原上形成两次由北向南的摆动。一次由3万—4万年前开始，由冲积扇北缘的玉泉山、清河一线向北京城南摆动。从玉泉山前到丰台地区都有这一时期的永定河故道。其中横穿北京城的故道宽达数公里，整个北京老城位于其上。研究者称它为古金沟河，是因为在近代从石景山向东，有一条名为金沟河的河道。金沟河的前身是金代开凿的金口河，年代久了，人们把金口河叫成了金沟河。金沟河正好与这条永定河故道平行，位于故道之上，于是人们用古金沟河命名这条永定河故道。东方广场出土的2万多年前的旧石器时代晚期遗址，就坐落在这一时期形成的河旁滩地上。这一过程持续到距今1万多年前结束，由于时间久远，它的河道遗迹大多已难辨认，只有在局部区域还有遗迹可寻。它们在北京城下的埋藏深度多在数米至十数米之间。这一阶段的后期，地球上经历了被称为末次冰期的寒冷时期，海平面下降了100多米，海岸线后退到大陆架边缘，渤海成为陆地。北京城所在区域，处于半荒漠的状态。

永定河在北京小平原上最新的一次大摆动，开始于1万年前。这时气候转暖，进入地质上的全新世。随着冰雪融化，降水量增加，永定河再次活跃起来，开始了新一轮的迁徙，留下多条古河道。

在1976年开始的北京市地震地质会战中，人们归纳出北京小平原上多条全新世永定河古河道，包括古清河、古高梁河、古坝河、古蓟河、古莲花河、古漯水、古未名河（古无定河）、浑河、凉水河等。此外，还有通惠河、萧太后河（又写作肖太后河）、现代永定河、小清河等自然的或人工的现存河道。

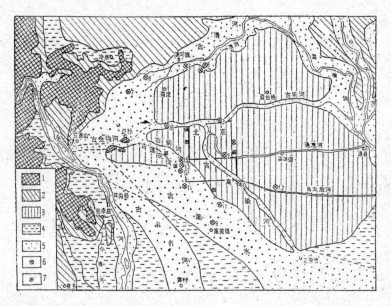

地震地质会战中绘制的永定河古河道图之一

1982年，北京市地震地质会战第四专题组根据各专题组的研究编绘了《北京平原区全新世古河道分布图》，这是地震地质会战古河道研究成果的汇集，至今人们仍在使用，可以说是一幅经典的北京地区全新世古河道分布图。不过从历史地理研究的角度看，这幅图还不够精准，它并不都是全新世河道，而是掺杂了晚更新世晚期的河道。

永定河为什么会在北京小平原上摆动？地震地质会战时，人们主要从全新世活动断裂带的角度，解释这一问题，即永定河受到全新世活动断裂带的影响，具体说是受到八宝山断裂和黄庄—高丽营断裂等的影响，活动断裂带引起地壳形变，即地面上升或下沉，从而影响到河流的改道，使永定河出现由北向南的摆动。

当时人们把这种摆动仅仅看作是由北向南的单向摆动，而不是往复摆动，即由北面的古清河向南面的古高梁河、古㶟水、现代永定河等依次摆动过去。后来也有人从科氏力的角度进行解释，即受地球自转的影响，北半球的河流会出现由北向南的顺时针摆动。

近10多年来，我们在考察中，对全新世以来的永定河古河道做了大量测年，发现永定河古河道并非始终是单向摆动，而是有过往复的摆动，例如在全新世早中期，它曾在古清河与古㶟水之间来回摆动；全新世中晚期，又在古高梁河与古㶟水之间来回摆动。摆动点都在石景山出山口附近，只是摆动的总趋势是由北向南的。

关于永定河在北京小平原上由北向南摆动，除了上

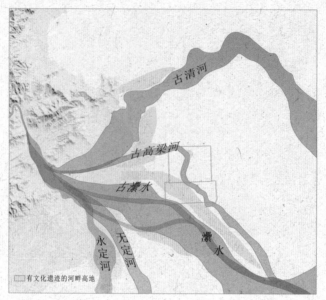

古清河

古高梁河

古㶟水

㶟水

永定河

无定河

□ 有文化遗迹的河畔高地

北京市区全新世永定河古河道示意图

述原因之外，还应有河流自身演变特征的原因，当河床因淤积而增高到一定程度时，就有可能因洪水决口而改道，也有可能在这一过程中，同时受到地壳运动和科氏力的影响，出现总体上向南摆动的趋势。

永定河真正流出西山的地方是在石景山，因为流过石景山，永定河就进入北京小平原，得以大规模的摆动。当永定河由石景山向东流的时候，迎面遇到老山。这是一座位于平原边缘的残丘，相对高度只有数十米，它成了永定河的分水岭，在后来的数千年间，永定河时而流经老山北，时而流经老山南，围绕着老山来回摆动。

影响北京城的三条古河道

第一条是古清河。大约1万年前，永定河流经老山北面，向西北流经海淀、清河，进入温榆河河谷，由此形成一条宽数千米的河床。由于后代在这条永定河故道中有清河存在，今人称之为古清河。永定河在古清河河道中断断续续流淌了大约5000年。我们在这条古河道中采集了许多古树和草炭样本，做了碳十四测年，河流存在的年代约为距今1万至5000年前。[1] 古清河结束后，在它的故道中，形成大面积的湖泊水域，它为清代三山五园建设，奠定了环境基础。

第二条是古漯水。大约在八九千年至四五千年前的时期，永定河也流经今北京城南，经老山南面至凉水河，由于历史时期有漯水流经于此，今人称之为古漯水。那个时期，永定河在古清河和古漯水之间摆动。我们在广安门外小马厂和西南四环路边的怡海花园工地等处，都发现了这一时期的河砂，并对砂层中的古树遗骸做了碳十四测年。

第三条是古高梁河。距今大约4000多年前，永定河出现了又一次摆动，它由老山北面向东北方，流经紫竹院、积水潭、后海，转而向南，经什刹海、北海、中南海、天坛东、亦庄等地，形成数百米宽的河道，由于汉代以后有高梁河流经于此，今人称之为古高梁河。到了汉代，人们对这条河道有了记载，《汉书·地理志》称之为治水；曹魏时期，《水经注》引戾陵遏碣文又称之为高粱河。为便于表达，在这里仍用古高粱河的名称来称呼它。而大约与此同时，在古㶟水河道中仍时而有永定河干流存在，永定河在古㶟水河道与古高粱河之间摆动。大约东汉时期，永定河不再流经古高粱河，转而流经今北京城南，这就是《水经注》记载的㶟水或清泉河，唐代称桑干水。

注释：

1. 岳升阳、夏正楷、徐海鹏：《海淀文史·海淀古镇环境变迁》，开明出版社，2009年。

永定河与北京城

古高梁河

　　古高梁河和古㶟水是影响早期蓟城的两条重要河流，早期蓟城是北京城的前身，位于今天广安门内外至琉璃厂一带。它选址于古高梁河和古㶟水之间的高地上，呈现为两水夹一城的形态。北京城在这里一直发展到金中都时期，此时城址两边的高梁河和㶟水都已改变了形态，高梁河河道中形成湖泊，原来的㶟水河道则已远离城池。但原有的城址不但没有迁移，而且还扩大了，成为一代皇朝的都城。元大都选址于金中都城东北，把高梁河故道形成的湖泊圈入城中，成为天汉（银河）的象征。

　　古高梁河和高梁河究竟是什么样的河呢？几十年来，经过几代人的研究，人们对它已经有了较为深入的认识。

　　前面说到，古高梁河是4000多年至约2000年前的永定河干流之一。大约在距今4000多年前，永定河由石景山出山后，它的一支干流经过今天的紫竹院、积水潭、后海、什刹海、北海、中海和南海，向东南流至亦庄南。约在东汉时期，它向南摆动到了北京城南。此后，在它低平的故道中，泉潦所聚，形成一条小河，名叫高梁水，也叫高梁河。

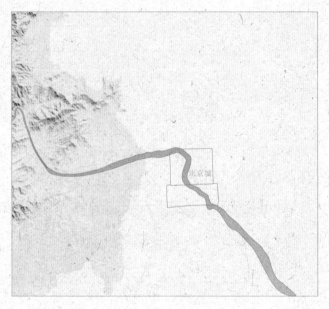

古高梁河故道示意图

在北京地震地质会战时期，人们也将古高梁河称为"三海大河"，因为它正好经过北京的前后三海。前三海为北海、中海和南海，后三海指积水潭、后海和什刹海。"三海大河"只是地震地质会战时的临时称呼，今天人们给它的正式名称还是古高梁河。

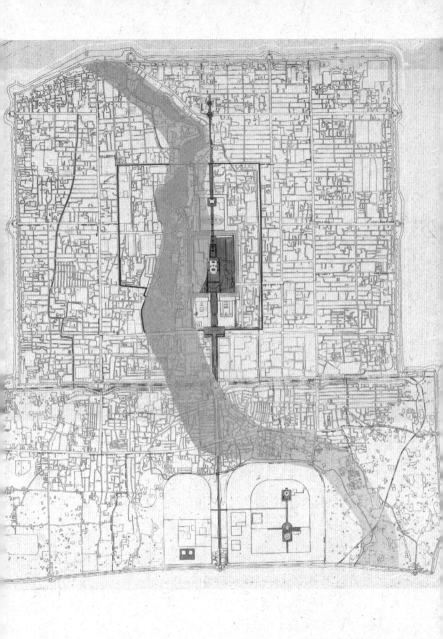

古高粱河与前后三海及北京城中轴线关系示意图

前后三海在北京城内排成长长的一溜儿，宛如一个河湾，就是因为它是古高梁河的故道。大约在曹魏时期，在古高梁河故道的局部地段，已出现最初的湖泊，其后人们将湖面扩大，就形成了今天的样子。

　　对于古高梁河的研究始于清代，当时称之为高梁河或漯水。《畿辅通志》称，两汉时浑河以高梁为正溜。浑河就是永定河，正溜指主河道。意思是说，永定河在汉代的主河道是高梁河。近代有部《永定河沿革图》，它是这样画北京城附近的汉代永定河的：

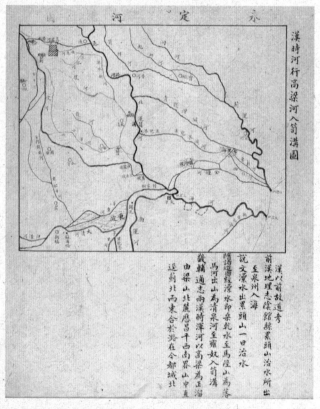

《永定河沿革图》局部（北京大学图书馆藏）

图中的梁山是今天的石景山，潞是位于今天通州古城村的汉代路县县城。作者认为高梁河就是㶟水，是永定河在汉代的河道。

人们为何称那时的永定河为"㶟水"，这是一个需要解释的问题，此处只能简单说一下。永定河是一条较长的河流，历史时期它的不同河段有过不同的名称。关于汉代流经蓟城北面的永定河，汉代人称之为治水，曹魏时期的刘靖碑所引《戾陵遏表》称之为高梁河，北魏时期《水经注》中写作湿水。古籍中找不到此段永定河当时称为"㶟水"的记载，可到了清代乾隆年间，研究者们就都称呼它为㶟水了。

原来，《水经注》没有传下来早期善本，人们看到的主要是明代版本，书中称永定河为湿水。清代是考据学发达的时代，研究者们对《水经注》做了仔细考证，引用《说文解字》中关于㶟水的表述，经过一番让今天读者晕头转向的推论，把这"湿"字推论成了"㶟"字，于是永定河北京段又多了一个"㶟水"的称呼。实际上，汉代㶟水说的是位于今山西省的永定河上游河道，古代许多河流在经过不同地区时，会有不同名字，治水和高梁河就是流经北京地区的永定河河道名称。

北京有一条温榆河，也受到牵连。温榆河在《汉书·地理志》中称为"温馀水"，《水经注》中记载为湿馀水。清人兴致来了，把它改成"㶟馀水"。于是清末又有人把它和㶟水联系起来，说它是㶟水之余，是从永定河分流出来的河流，连带的高粱河也成了发源于昌平的河流，弄得今天的人为此争论不休。

古高粱河地层解读

对于古高粱河和高粱河的现代研究开始于20世纪50年代，侯仁之、周昆叔等先生都有论及。1959年建设人民大会堂时，人民大会堂恰好位于古高粱河故道所经地区，人们开始真正接触到这条古河道。人民大会堂的勘察报告中，提到了侯仁之、周昆叔等人的研究，人民大会堂的建设者则对大会堂涉及的故道进行了勘探。

那时的勘探手段还十分简陋，多数钻机是人工手动的，只能钻探数米深，只有个别机器可以钻探到十几米深。不过，这十几米已经可以钻到古高粱河的沉积地层了。

从国家大剧院工地看人民大会堂

虽然人民大会堂的勘探手段落后，地基的建筑技术也不很现代，而且偌大个建筑只用10个月就建了起来，但建筑地基的质量一点不含糊。20多年后，当人们监测人民大会堂建筑的不均匀沉降时，发现它的不均匀沉降还不到4厘米。

人民大会堂的位置没有完全压在古高梁河故道上，它的剖面还不能完整体现古高梁河。研究者对古高梁河进行有目的的科学调查，一是前面提到的侯仁之先生主持的古河道调查，二是利用北京地铁2号线工程展开的调查。从1965年起，北京开展了地铁1、2号线的修建工程。2号线是沿今天的二环路修建的，它在积水潭北面穿过古高梁河故道，中国科学院的周昆叔先生等人对积水潭北面地铁工地剖面进行调查，终于揭开了古高梁河面纱的一角。

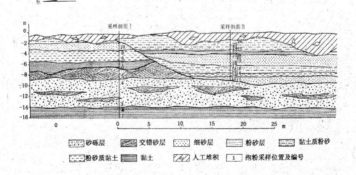

北京市积水潭剖面（周昆叔《花粉分析与环境考古》）

1976年，在唐山大地震后开展的地震地质会战中，人们又对人民大会堂附近的古高梁河故道进行调查，发现在人民大会堂南面的北京供电局至棋盘街一线，古高梁河故道宽达600多米。不过从剖面图看，它没有完整地体现出古高梁河的沉积地层，它反映的主要是古高梁河结束之后形成的沉积地层。

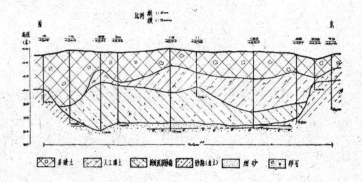

人民大会堂南面供电局至棋盘街古高梁河故道横剖面图
（《北京市地震地质会战研究成果汇编（3）》）

1976年10月，侯仁之先生主持绘制的《北京城区全新世埋藏河湖沟坑分布图》，绘出了古高梁河，第一次对北京城内的高梁河故道做了比较准确的描述。

京城区全新世埋藏河湖沟坑分布图

《北京城区全新世藏河湖沟坑分布图》中的古高梁河示意图（局部）

"两会大厦"工地的古河道

　　1983年，北京城迎来了一项大型建筑工程，即在人民大会堂西边建设全国人民代表大会和全国政协大厦。这时改革开放已经多年，人们俗称其为"议会大厦"，我们今天可称之为"两会大厦"。工程位于今天国家大剧院北面水池处，正好在古高梁河故道上。可是土方挖掘工程还没完成，就遇到中央下令停建楼堂馆所，工程随之下马。

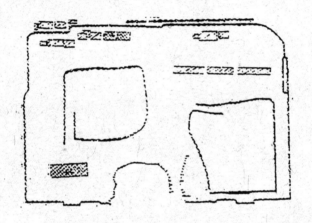

"两会大厦"工程留下的大坑

　　当时在工地上挖出一个大坑，大坑里又挖了两个小坑，最深处挖到地下10米。工程进行过程中，听说挖出了木桩和砂层，坑底还有大鹅卵石，于是研究者们纷纷前往考察，侯仁之先生也带着他的学生们前去调查。

这坑挖了两层，上层是大坑，挖深约6米；下层是小坑，在大坑坑底再向下挖约4米深。在小坑的北壁上，可以看到一处浅色的砂层。

侯仁之先生指着浅色砂层摆了个姿势，示意那里是古代的河道

当时大家认为，这里是古高梁河故道，木桩是古高梁河上的码头。而坑底光亮的大鹅卵石就是河床。

近20年后，当国家大剧院在此施工时我们才知道，这样的认识不够准确。当时的基坑挖穿了后期高梁河的沉积层，却止步于2000年前的古高梁河砂层之上。在约10米深的地层中，只有黏性土和砂层，并没有自然堆积的大鹅卵石层，因为高梁河没有那么大的水动力，能把大鹅卵石冲来，自然沉积的大鹅卵石还在更深的地层中。当年的大鹅卵石，有可能是施工中由其他地方运来，铺垫在坑底，以便于施工车辆通行用的。照片中侯先生手指的砂层形成于元代初年，木桩有可能是元代水渠的护岸木桩，也有可能是明代水塘的护岸桩，因为在坑的边缘出土了明代池塘和木桩，它并不是古高梁河码头的遗迹。[1]

在野外调查中，眼见不一定为实，关键在于如何分析和认识看见的现象。"两会大厦"工程剖面没有能揭示古高梁河，但它触及到后期的高梁河和金元时期的古河道。刚刚露头的古高梁河遗迹又默默地待在那里10多年，等待着人们再次来认识它。

"两会大厦"停工17年后，这块土地迎来了新的转机，国家决定在人民大会堂西侧建设国家大剧院。2000年，大剧院工地正式开工，此后进行了将近4年的基础土方施工，我们伴随着工程，进行了3年的观察，重点考察了古高梁河故道和金口河故道。

注释：

1. 岳升阳、孙宏伟、徐海鹏：《国家大剧院工地的金口河遗迹考察》，《北京大学学报（哲学社会科学版）》2002年第3期。

国家大剧院古高梁河故道

与勘察院的合作

  国家大剧院工地是当时北京建筑工地中管理最严格的，出入要戴胸牌，胸牌每年一换，我们怎么能连续3年开展调查呢？这得益于北京市勘察设计研究院的帮助。我们当时正在和北京市勘察设计研究院合作，研究北京的古河道，而北京市勘察设计研究院正是大剧院的勘察单位。

建设中的国家大剧院

北京市勘察设计研究院与北京大学历史地理专业曾有过长久的合作关系，早在"文化大革命"前，侯仁之先生就与勘察院前身的北京市地质地形勘测处展开合作。勘测处后来分成了北京市测绘设计研究院和北京市勘察设计研究院，两家单位的办公地点曾在羊坊店路的同一座大楼里多年。

在计划经济时代，北京市勘察设计研究院是北京市区唯一从事城市建筑工程勘察的机构，它积累了大量北京城的勘察资料，人民大会堂的勘察报告、《北京埋藏河湖沟坑分布略图》等都是勘察院的收藏档案。改革开放后，在北京从事勘察的公司或单位不下百家，北京市勘察设计研究院仍然是其中的佼佼者。

当然，我们同勘察院的合作并没有通过侯先生的关系，而是因为机缘巧合。1998年，勘察院在二七剧场路的一个工地遇到砾石层，本以为是1万年前的老地层，谁知砾石层里竟然有许多砖和瓷片。如果砖和瓷片是砾石层中原来就有的，就意味着砾石层形成的年代并不久远，只能是晚近的"新近沉积"。

北京的勘察部门把数千年来形成的松散沉积地层称为"新近沉积"地层，建筑物如果建在这样的地层上，就要改变工程处理方法，增加投资。负责勘察的孙宏伟工程师一时拿不定主意，希望找人商议，确定砾石层年代。此时我也正在请《北京规划建设》杂志的赵峰先生帮助联系勘察院，以便进行合作研究。二七剧场路的工程给了我们一个合作的契机。

去工地之前我已经能够想到那大致是什么河了，在此之前我在这一带已有多项调查，知道在金代的金口河流经地带，曾有一条早于金口河的渠道，这条渠道沿今天的永定河引水渠向东，经过玉渊潭湖中部、玉渊潭公园东门的玉渊潭酒店，继续向东，它向东的延长线正好经过这处工地。现场的景象印证了我的看法，这里的砾石层确实是一条由西向东的河道。砾石层中的砖是唐代墓砖，瓷片是唐墓中的随葬品，经北京大学考古文博学院的秦大树老师鉴别，瓷片的时代约在晚唐时期。我们可以想象当时的情景，一座砖室墓被大水冲毁，砖和瓷片被卷入砾石层中。

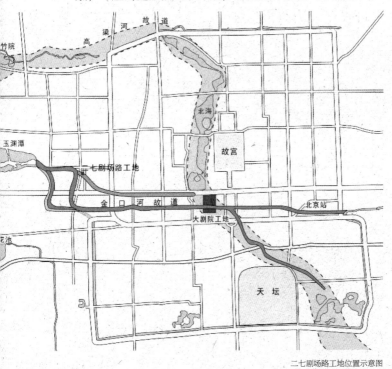

二七剧场路工地位置示意图

这处砾石层所代表的河道应是金代金口河的前身，它向东沿长安街南侧至人民大会堂西面的高粱河。金代修筑金口河时，在今天的白云路西侧将河道向南转，经今天的首都博物馆，与金中都北护城河衔接。

这条唐代河道又可追溯至曹魏时期的车箱渠，它应是车箱渠的一条支渠，我们在这处遗迹的上下游都发现了早于唐代晚于汉代的河道遗迹。

关于这条唐代河道，北京市文物局的赵其昌先生早有推测，他认为金代的金口河有可能是在唐代引水渠的基础上修建的，可惜他没有展开论述。

孙宏伟工程师是一位思路开阔、勤奋好学的青年，我们一拍即合，开始了长达10多年的共同研究，先后承担了两项北京市自然科学基金课题、两项国家自然科学基金课题。我们的合作得到北京市勘察设计研究院领导的大力支持，于是有了许多考察工地的便利条件。

2000年，当国家大剧院开工时，我们共同申请了北京市自然科学基金项目，用9万元经费做了一次为期3年的大剧院古河道研究。而作为课题组成员的孙工，正是勘察院大剧院勘察项目的负责人，他为我们办理了工地出入证，使我们得以自由出入工地。

那时候多学科综合研究的方法已经提倡了许多年，但如何在研究中真正做到，却不是一件容易的事。许多研究名为多学科综合研究，实际上不过是各写各的论文，最后把论文合在一起，形成报告，整个研究仍然是多张皮。我们希望能把不同领域的研究结合得更紧密一些，大家依据共同的实验数据、共同的资料、同一张图纸，一起调查、讨论，在此基础上相互启发，写出各自的研究成果。后来也正是这样做的。

孙宏伟在大剧院地下 11 米深的砂层里看到一块绳纹陶片

1.实验室中

6.高程测量

2.现场分析

3.剖面采样

4.钻取岩芯

7.观察剖面

5.工作研讨

8.观察岩芯

国家大剧院工作流程图

中轴线旁的早期沉积地层

为了研究的需要，我们专门打了一口80多米深、到达第三系基岩的钻孔。这得益于勘察院另一个课题的资助。

从钻孔中我们可以看到，这里经历了多次大的河流过程，永定河一次次流经此地，留下一层层厚厚的砾石层，形成多个沉积旋回。

钻孔岩芯样本

大剧院地处永定河冲积扇中部，当地的第四纪地层厚约84米，呈现为五大沉积旋回，位于底层的第五沉积旋回形成于中更新世，是中更新统冲积扇上的河道及扇间地沉积。第四沉积旋回为扇顶沉积。至第三沉积旋回已进入晚更新世，第二沉积旋回为晚更新世中期的冲积扇沉积。第一沉积旋回底层为古永定河沉积，其上为古高粱河沉积，在古高粱河沉积层上为高粱河沉积，高粱河沉积层之上分

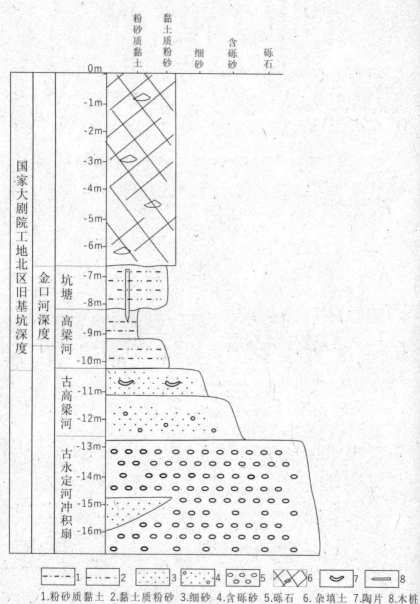

国家大剧院西南钻孔剖面沉积相序图

1.粉砂质黏土 2.黏土质粉砂 3.细砂 4.含砾砂 5.砾石 6.杂填土 7.陶片 8.木桩

布有金口河等人工河道。在大剧院工地，古高粱河沉积层不仅包括黏性土层，也包括黏性土层之下的砂层和部分砂砾石层，其埋藏深度超过11米，有的地段达到12米。

徐海鹏老师对总长84米多的钻孔岩芯做了分析，将其分为5个沉积旋回，自下而上分为：

① 深84—67米左右，第五旋回，为中更新统冲积扇上的河道及扇间地沉积。

② 深67—55米左右也为中更新统的冲积扇沉积，第四旋回，块状砂砾石层厚近8米，扇顶沉积。

③ 深55—40米左右为第三沉积旋回，是进入晚更新统的冲积扇，有扇中、扇顶、扇缘、亚相河流及分流河道、洼地等微相，据北大光释光测年法对深44.5米处的砂层的年代测定为81.1±8.6ka.B.P。

④ 深40—15米为第二个沉积旋回，为晚更新世中期的冲积扇沉积，深23.5米处的砂层光释光年代为58.2±6.6ka.B.P，此层中有近20米厚的块状冲积扇顶的沉积层，反映了此时有巨大的洪流堆积了厚层的扇体，上部为扇中和扇缘、河流亚相沉积。

⑤ 深15—7米为第一沉积旋回，是全新世的冲积扇及其上河流、漫滩相的沉积，此时砂砾层较薄（仅2米左右），洪流减小，扇上的河流分为下古永定河、中古高粱河、上古金口河三个时期。据光释光对11.4米深砂层的年代测定为1.5±0.1ka.B.P。顶深7—0米为人工堆积层，其下部有素填土，上部有多时期的人类活动的文化层。

大剧院基坑下部的砾石层

我们看到，深层的卵石个头大，越往上越小，到了汉代，古高梁河的沉积层就变成含有砾石的砂层了。这说明水动力在减小，砾石的来源也在减少。

大剧院地下挖出的卵石层最深处有30米深，属于地质上的晚更新世时期，有数万年的历史。

大剧院的古高梁河砂层

缓慢的调查过程

大剧院工程从2000年起就开工了，但开始时进度并不快，为了获取有价值的剖面，我们不得不多跑路、多等待。

工程何以进展缓慢？原来工程需要解决地下水对建筑的漂浮作用问题，必须做深入研究，根据研究进行建筑基础的设计，这样一来，等待的时间自然就长了。

大剧院建筑的地下室部分是一个完整的水泥壳，它像一条船，地下水上涨时，如果船太轻，就有可能漂浮起来。大剧院恰恰体量较轻，过深的地下室会增加建筑物的浮力，不利于建筑的稳定。

北京的地下水很长一段时间是下降的，但不能保证它永远不会上升。20世纪80年代初，有关单位的监测数据表明，只要永定河上游水库放水，几天之内北京城的地下水就会快速上涨。

北京城地下布满了永定河故道，故道中的砂砾石层透水性好，便于地下水的通过和聚集。北京城的地下水主要来自于永定河，永定河水沿着砂砾石层进入北京地下，在那里汇聚起来。过去几十年，永定河断流了，地下水的人工开采量又大，地下水自然会快速下降。近几年得益于南水北调和永定河的治理，北京地下水位亦开始回升，结束了北京地下水位不断下降的历史。

为了保证大剧院不漂起来，有关专家进行了深入研究，圆满解决了这个问题。

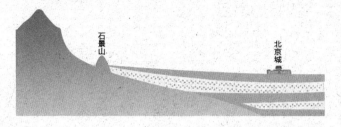

北京城下的永定河砂砾石层示意图

在工程设计过程中，土方工程虽没有停，速度却不快，这使我们的考察也一再拖延。

流经大剧院的古高梁河故道

在大剧院工地，古高梁河故道略呈西北—东南走向，其河床宽度超出了大剧院工地的范围。在距今两三千年的时候，也就是古蓟城出现的时期，古高梁河曾是一条较大的河流，是《汉书·地理志》中记载的治水。至晚到西汉之时，古高梁河还有过较大的水流，西汉以后水量大幅减少，河道中开始漫滩相淤积过程，古高梁河沉积地层被高梁河沉积地层所取代，不再是永定河的干流之一。古高梁河的存在必然会对古代蓟城的选址和变迁产生影响，这是有待进一步考察的问题。

大剧院的古高梁河故道表现为砂层或含砾砂层，顶面埋深约为11米，砂层厚2—3米。以砂为主，下部含有砾石。砂层中部夹有一层厚厚的灰黑色粉砂层，里边夹杂有树枝等植物残体。它是水流平缓下来后形成的湖沼沉积，碳十四测年为距今2510±60年，树轮校正后为距今

古高梁河故道中的灰黑色地层

2710±135年。这时的古高梁河主流可能到别处"逛"去了，河床中出现了湖沼沉积地层。之后，主流又回到原处，再次堆积起黄色的砂层。

我们在古高梁河上部砂层中找到一棵古树，它顺着水流的方向平躺在砂层中。我们在树干靠近树外皮处采集了一个样品，做了碳十四测年，年代为距今2100±70年，树轮校正后为距今2070±85年。这正是西汉中期。

大剧院古高梁河故道砂层中的古树

　　人们在取古树的碳十四测年样品时，喜欢在靠近树木表皮的地方取样，因为树是从表皮部位一圈圈向外生长的，靠近树木表皮的木头年代更接近树木死亡的年代，当然也就更接近砂层形成的年代。还有，碳十四测年是以1950年为基准计算的，所以计算古树的年代，还要加上1950年至今的年代。这样算来，古树埋入砂层的年代应该是公元前120年左右。

国家大剧院
砂层中的陶井圈残片

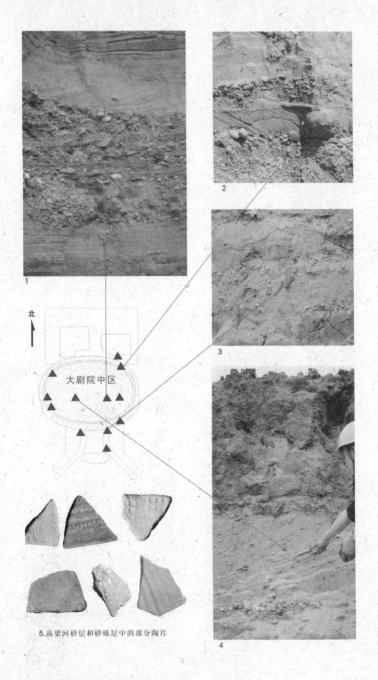

北

大剧院中区

5.高梁河砂层和砂砾层中的部分陶片

大剧院砂层中的陶片

大剧院古高梁河故道砂层的上部不但有古树，也有许多陶片，包括羼云母红陶、绳纹灰陶、陶井圈残片等。这些具有西汉文化特征的陶片多位于古高梁河故道砂层的顶部，它告诉我们，西汉时期古高梁河虽然还有较大的水流，却已经接近尾声。

　　古高梁河沉积层之上是高梁河沉积层，高梁河沉积层以细砂、粉砂为主，也有灰色黏性土层。在大剧院工地，高梁河主流沉积层更靠近工地的西部，中东部以河漫滩相沉积为主。

课题组成员在现场讨论高梁河砂层

中轴
选址
古湖边

中轴线旁的古湖泊

什刹海湖泊的研究

今天北京城内的前后三海湖泊群，正是在古高梁河故道中形成的，它成为北京城内一串亮丽的明珠，元大都城的中轴线就选址于湖群东岸。

什刹海湖群位于北京老城北部，由积水潭（什刹海西海）、什刹海后海、什刹海前海三个湖泊组成，由西北向东南连续排开，至什刹海转而向南，与北海和中南海相接，形若弯弓。其中，什刹海前海位于弓背的中部，紧贴着北京城的中轴线。今天的什刹海面积8.58万平方米，水深1.9米，[1]和古代比，要小了许多。

关于什刹海的成湖年代，有一个由笼统到精确的认识过程。20世纪80年代的研究者多推测它在辽代已经形成，蔡蕃先生在早年的研究中持此看法。[2] 什刹海研究会所编《什刹海志》采纳了这一推测："什刹海水泊，在唐代以后，最迟在辽代已经形成。"[3] 20世纪90年代，有的研究者推测，唐代这里或已称为"海子"。[4] 人们对于什刹海形成年代的推测不断提前。但以往的研究由于缺少地层证据，都只能依据历史文献进行推测，难以得出肯定的结论。我们需要依据什刹海地层剖面，做一些实证研究，了解一下大地文献的记载。

考察小石碑胡同剖面

2011年，我们有了一个机会，来研究什刹海古湖泊的形成历史。这一年什刹海街道办事处在小石碑胡同改造一所四合院，得知消息后，我马上与什刹海街道办事处的领导联系。对工地的地层剖面进行考察，得到街道领导的大力支持。

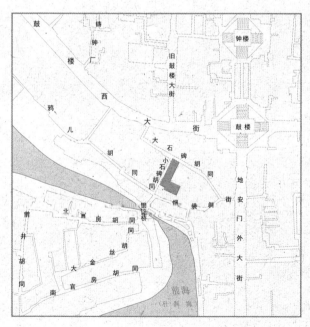

小石碑胡同四合院工地位置示意图

小石碑胡同的四合院工地位于什刹海北岸，烟袋斜街北侧，小石碑胡同东侧，大石碑胡同南侧。工地不大，1000多平方米，工地工程负责人那先生给了我们热情支持。工程距北京大学较远，去一趟得大半天时间，我于是请那先生在每次开挖基坑时提前通知我们，以免跑冤枉路。但那先生很难做到，因为工地需要将挖出的土运出城外，运土车辆受到严格管理，何时能运、运多少车，需要管理部门的批准，就连那先生也很难提早知道。不能运土的时候，工程只能停工，我们也无法采集到剖面。

　　受到运土量的限制，工地每次挖掘的土方量不多，施工时间也难以把握。要想采集剖面样本，去早了不行，晚了也不行。仅仅为了搞清楚工地基坑西壁60米长的一段剖面，我就去了20多次。因为这60米长的剖面竟然要分15次挖掘，每次只挖出1.5米深、20米长的一段。

　　根据工程要求，每次挖完土后，需要对坑壁进行加固处理，打上锚链，抹上水泥，把坑壁保护起来。因此剖面显露的时间一般只有一两天，少的时候只有数小时，此后就被水泥糊住，再也看不到了。

　　我们要完整地记录下60米长、7—8米高的坑壁剖面，至少需要去15次。可是我们无法把握施工的具体时间，只能多跑几趟冤枉路，碰碰运气。这就是一处小小的工地，需要跑20多次的原因。

　　为了不耽误学生的学习时间，跑工地的事主要由我来做，等到确定下采集剖面的位置后，再叫上学生一起采集

工人们在封护前一天新挖出的剖面

北大研究生在工地考察

实验样品。

从古高梁河岸到海子湖岸

　　古高梁河故道是全新世时期永定河在北京平原区留下的多条故道之一。此次考察的主要目的，是要了解什刹海北岸的早期变迁，确定此处古高梁河河岸位置和元代湖岸位置。这处工地距离今天的什刹海还有一段距离，工地西南角距银锭桥约70米。这里会有元代湖岸吗？会有古高梁河的沉积地层吗？我们期待着考察的结果。

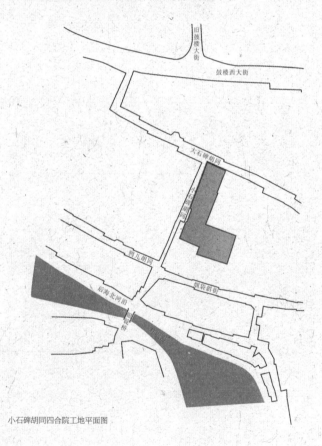

小石碑胡同四合院工地平面图

令人欣慰的是，功夫不负有心人，我们幸运地考察到几乎完整的南北向剖面。这处南北向剖面，就是工地基坑的西壁，它南北长60米，深8米左右。当我们将10多次考察的剖面拼接起来的时候，终于看到一幅完整的古高梁河和元代什刹海北岸的剖面图。在下面这幅剖面图上，我们画出了古高梁河北岸轮廓（黄线）和元代海子北岸轮廓（绿线）。

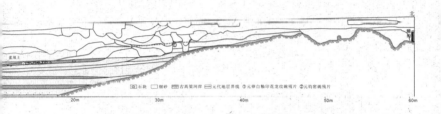

小石碑胡同四合院工地基坑西剖面（南北向有压缩）

古高梁河的河岸遗迹由晚更新世晚期地层构成，略呈阶梯状，反映了古高梁河的侵蚀切割特征，其地层的最高点在小石碑胡同北段，临近大石碑胡同处，距今什刹海北岸约125米。（图中黄线）

小石碑胡同古高梁河北岸遗迹

在坡岸中部偏上的部位，残存有古高梁河初期的沉积地层，后代的洪水没有将其冲走，有幸保存下来，它的年代为距今4000多年前。

在剖面南部距地表约8米深处，可以看到西汉时期的古高梁河砂层。砂层上面是高梁河时期的沉积地层，即汉代及其以后的沉积地层，包括湖相和漫滩相沉积层。

在湖相沉积层顶面，有一层含有许多石块的灰黑色地层，夹杂有水生植物残体、砖瓦碎块、螺壳和元代瓷片等，南北向分布宽度约5—6米。在石块层的北面，元代地层隆起，形成岸坡。这是元代积水潭湖岸坡脚处的护岸石块遗迹（图中绿线），这种用碎石块保护湖岸的做法，此前在颐和园昆明湖出土的元明时期西堤遗迹中也有发现。

小石碑胡同元代海子北岸坡坡脚处的石块遗迹

在石块层的上面，覆盖有一层近1米厚的褐黄色素填土，为人工一次性堆积而成，应是元末或明初填埋湖泊的结果。素填土层之上为3米厚的人工杂填土，所含遗物以明清时期为主，临近地表处可以看到清代以来灰土夯筑的房屋基础。此处元代积水潭湖岸相对于鼓楼西大街的最近距离为100米，距今天的什刹海北岸90米。

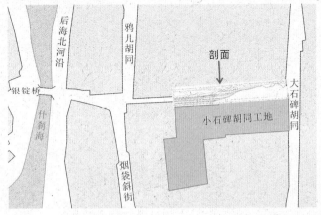

小石碑胡同西剖面与胡同位置对照图

地层讲述的湖泊历史

我们在剖面的南部，有湖相沉积地层的位置采集了一个剖面，研究一下沉积地层的变化。

剖面采集深度为8.5米，每10厘米（重要地层5厘米）采集一个样品，对样品做了粒度、孢粉、矿物、TOC（总有机碳量）、pH等多指标分析，对多个样品做了碳十四测年，以便了解什刹海古湖泊的形成演变过程。我提出主要研究思路，研究生马悦婷做了部分实验，并主笔完成研究报告，徐海鹏老师对地层分析做了悉心指导。

研究报告通过对剖面样本的分析，将什刹海北岸从东汉到元代的沉积环境演变分为4个阶段：

① 东汉时期，为古高梁河改道后形成的沉积地层，形成分支河道与河漫滩的地貌。其中，约当东汉初年的时候，在古高梁河故道中由于水流汇聚，形成一条小河，这就是高梁河，即《水经注》中所说的高梁水。高梁河的水量小，河道沉积物由古高梁河时期以砂砾石为主，变为高梁河时期以细砂和粉砂为主。东汉早中期转变为湖泊沉积时期。

② 三国曹魏时期，是湖泊最为发育的时期，地层表现为湖心相沉积。曹魏时期的气候比较干冷，湖水发育过程可能与曹魏时期修筑车箱渠，利用古高梁河故道蓄水灌溉有关。此时什刹海北岸地区已经形成湖泊，水体较深，水生植被较少。后面要说到的什刹海地铁站工地出土的古渠道即形成于此时。西晋以后，向湖滩转变，水域面积已不如曹魏时期宽广，湖滩上生长了许多湿生、水生植物，湖泊过程有过中断。

③ 唐五代时期，当地转变为河流沉积，曾受到洪水的影响。北京历史上唐代水灾比较频繁，曾发生过数次大规模的洪涝灾害。而剖面显示的唐代地层中，即表现为分支河道微相沉积特征，并有不整合面存在。其中，有动力冲刷的沉积地层恰巧处于唐代早中期，应与这一时期多洪水的气候特点有关。

④ 辽代至元代，当地处于湖泊滩地沉积的时期，什刹

海北岸是当时水域的边缘地带。

总之，什刹海形成于古高粱河故道之中，是在古高梁河故道砂石滩地上逐渐发育出来的湖泊。东汉以来，此地经历了分支河道—河漫滩—湖心—分支河道—低洼地—湖滩的沉积演变过程。

湖泊剖面顶部距地表4—4.2米处，含有元代瓷片，年代大约为元末。此后，当地不再是湖泊，转变为陆地。

顺便一提，在人们说到什刹海金代湖泊时，多引用《金史》的记载："以节高良河、白莲潭诸水，以通山东、河北之粟。"这里，高良河即高梁河，那时高梁河之名仍在使用，指的是后代的长河及其东行河道。白莲潭是指哪个湖呢？今人多认为是元代积水潭，即今天的后海、什刹海一带的湖泊。

对于此处的高梁河，人们尚无疑义，但什刹海一带湖泊是否为白莲潭，则需另作讨论。因为金代中都城北能为漕运提供水源的湖泊不止此一处，文献说的是"诸水"，应是两个不同的水源。

金代中都城北有两个湖泊水源，一个是今天的什刹海，它连通高梁河，另一个是今天的玉渊潭，金口河曾经过玉渊潭。金口河废弃后，玉渊潭以下河道仍然存在，水流一直延续到近代，成为地名三里河的来源。所以，玉渊潭也有可能是当时的白莲潭，玉渊或来自于白莲。当然，这只是猜测，还有待于文献证实。

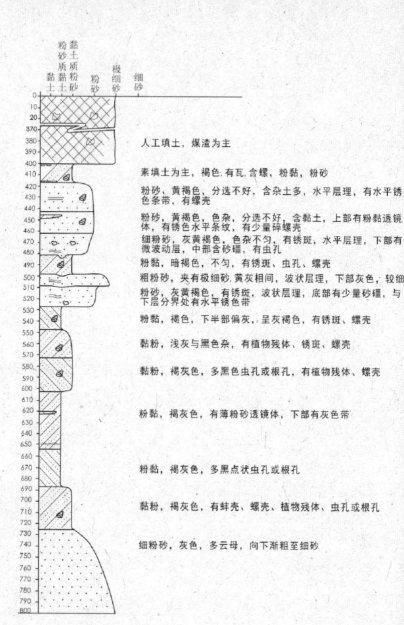

人工填土，煤渣为主

素填土为主，褐色，有瓦，含螺，粉黏，粉砂

粉砂，黄褐色，分选不好，含杂土多，水平层理，有水平锈色条带，有螺壳

粉砂，黄褐色，色杂，分选不好，含黏土，上部有粉黏透镜体，有锈色水平条纹，有少量碎螺壳

细粉砂，灰黄褐色，色杂不匀，有锈斑，水平层理，下部有微波动层，中部含砂礓，有虫孔

粉黏，暗褐色，不匀，有锈斑、虫孔、螺壳

粗粉砂，夹有极细砂，黄灰相间，波状层理，下部灰色，较细

粉砂，灰黄褐色，有锈斑，波状层理，底部有少量砂礓，与下层分界处有水平锈色带

粉黏，褐色，下半部偏灰，呈灰褐灰色，有锈斑、螺壳

黏粉，浅灰与黑色杂，有植物残体、锈斑、螺壳

黏粉，褐灰色，多黑色虫孔或根孔，有植物残体、螺壳

粉黏，褐灰色，有薄粉砂透镜体，下部有灰色带

粉黏，褐灰色，多黑点状虫孔或根孔

黏粉，褐灰色，有蚌壳、螺壳、植物残体、虫孔或根孔

细粉砂，灰色，多云母，向下渐粗至细砂

小石碑胡同元代海子北岸地层剖面

92

小石碑胡同元代海子北岸城市堆积层底部的元代瓷片 1

小石碑胡同元代海子北岸城市堆积层底部的元代瓷片 2

小石碑胡同元代海子北岸城市堆积层底部的元代瓷片 3

从剖面看元大都中轴线史迹

小石碑胡同所在地的元代海子北岸距银锭桥旁的什刹海北岸约90米，距北面的鼓楼西大街（斜街）约100米。结合小石碑胡同工地西侧另一工地的考察可知，这一段的元代海子北岸由小石碑胡同向西北，沿着今鸦儿胡同北侧分布，没有紧邻元代斜街。鸦儿胡同应是明代沿湖沿儿形成的胡同。

银锭桥所在地的元代海子水面比较宽阔，根据北京市地质地形勘测处1976年10月绘制的《北京埋藏河湖沟坑分布略图》，银锭桥处古湖泊南岸已经到了大金丝套胡同西口附近，与今天的湖岸相距160多米，后代向湖中推进的距离远大于北岸，所以银锭桥处海子南岸距银锭桥的距离应较北岸为远，银锭桥一带元代海子的宽度应在200米以上，银锭桥在通惠河初建之时不可能有闸涵。

今天的研究者中有一种观点，认为银锭桥为元代澄清上闸，这是根据元代鼓楼在旧鼓楼大街的假定得来的。因为据《析津志》记载，海子桥、澄清上闸在齐政楼南，齐政楼就是鼓楼，若元代鼓楼在旧鼓楼大街，澄清上闸就应在它的南面，而银锭桥恰在旧鼓楼大街南面，于是得出此结论。

小石碑胡同的元代剖面表明，银锭桥一带的海子湖面十分宽阔，元人不可能在此建澄清上闸。澄清闸是船闸，为解决通惠河水位落差问题，设有上、中、下三闸，通过调节上、下闸之间的水位差，使船只得以通过。若在此设闸，需要建设200米长的拦湖坝，使半个海子的水位上下浮动，这需要巨大的水量和很长的时间，如此设闸并不现实。况且，银锭桥上、下游水位没有明显落差，用不着设闸来调节水位，即便今天银锭桥下也没有闸，水可自由流动。

银锭桥现状

反过来说，如果银锭桥不是澄清上闸所在地，元代鼓楼在旧鼓楼大街的推测就难以成立，以旧鼓楼大街作为元大都中轴线的说法也就失去了依据。

旧鼓楼大街如果没有元代鼓楼，也就不会是元代的中轴线。小石碑胡同工地正好在旧鼓楼大街的正南方，这里并没有向南通往河边的元代大道，当然也就不会有文献中记载的通向大内的大道。而且，若以旧鼓楼大街为元代宫殿的中轴线，需跨越600米宽的水面方可到达湖的南岸，它不利于宫殿的设计，因为它不像海子东岸那样，道路可以中准绳，可以方便地将大内方向确定下来。所以说，元大都中轴线不会位于今旧鼓楼大街向南一线，把旧鼓楼大街看作是向南的宫殿中轴线是不可取的。

顺便一提，银锭桥始建于何时，文献没有明确记载，它应该是一座过湖之桥。在元代，那么大的海子，中间如果没有一条通路，是很不方便的。人们可以通过一道湖堤解决交通问题。在小石碑胡同剖面的南部，可以看到元代湖岸处有伸向湖中的填土，有可能就是修筑堤坝时的填土。据文物工作者介绍，银锭桥考古时曾出土具有元代风格的石桥遗迹，但没有水闸，它有可能建于元代后期或明代初期。即元末明初随着湖泊的缩小，在银锭桥附近两岸距离越来越近，人们于是修堤建桥，连通两岸。当然这只是推测。

注释：

1. 李裕宏：《北京城的什刹海》，《中国水利》1990年第2期。
2. 蔡蕃：《北京古运河与城市供水研究》，北京出版社，1987年，第87页。
3. 什刹海研究会、什刹海景区管理处：《什刹海志》，北京出版社，2003年，第14页。
4. 萨兆为：《延芳淀、白莲潭与北京天然水体的保护》，《城市问题》1997年第1期。

什刹海东岸的地下遗迹

什刹海地铁站的古代地貌特征

2011年地铁8号线什刹海站工程开工，工程位于什刹海东岸万宁桥北的地安门外大街两侧，大街东侧是车站主体，西侧是车站的西出口，以及配套的雨水管道工程。工程正好处在北京城的中轴线上，地理位置十分重要。得知此消息，我立即与地铁管理公司联系，得到该单位各级领导的支持，得以进入工地进行古河道调查。

当时北京市已经规定，老城内1万平方米以上的工地必须进行考古勘探，可惜什刹海地铁站的面积不够1万平方米，没有达到必须考古勘探的要求，与考古失之交臂，而我们的古河道调查才得以顺利进行。

前面说到，什刹海是在高粱河故道中发育起来的湖泊。高粱河经历了两个发育阶段，一个是作为永定河干流的古高粱河时期，另一个是高粱河时期。古高粱河大约结束于2000年前，其后是高粱河时期，在此时期古高粱河故

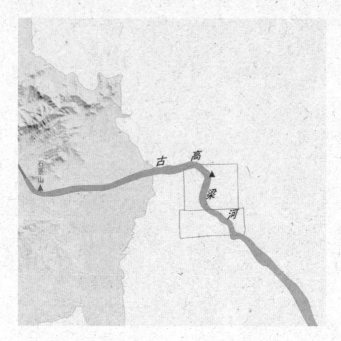

什刹海地铁站与古高梁河位置示意图

道中开始湖沼发育。曹魏时期，为了屯田灌溉，驻守蓟城的镇北将军刘靖修建车箱渠，由石景山附近引永定河水至位于今通州的潞县，灌溉蓟城附近的农田。车箱渠利用了古高梁河故道，使故道中的湖泊发育加快，此后经过1000多年的人工修筑，形成今日什刹海的湖泊景象。

古高梁河的河床有数百米宽[1]，它在什刹海处形成一个约90°的大转弯，由西北—东南向转为东北—西南向，什刹海东岸就处在河道转弯的凹岸一侧。从地铁站工程剖面看，2000多年前在今地安门外大街西侧，受水流影响，形成深切的河槽。那里河岸陡峭，地表以下5米是人工堆

古高梁河转弯处陡岸示意图

积土，含有许多瓷片和陶片。5米以下至11.8米，是黑灰色粉砂、细砂，其下是砂砾石层，这些砂层和砂砾石层属于高梁河和古高梁河沉积层，是几千年以来形成的地层。

而近在咫尺的地安门外大街东侧则是另一番景象，那里没有高梁河和古高梁河沉积层，地下7.8米深处有一层细砂，根据光释光测年，年代为距今21400—17600年，属于晚更新世晚期。仅仅一街之隔，地层全然不同，与什刹海北面古高梁河故道的缓坡河岸相比，简直就是一个陡坎。

由此可以看出，古高梁河和后期高梁河的东岸在今地安门外大街一线。这一地貌特征一直延续到元代，元代海子东岸的石砌湖岸在今地安门外百货商场东侧约4米的地方，同早期河岸相比，稍向西偏移。今天的什刹海东岸是明清时期湖岸不断西移的结果，同元代湖岸相比，已西移了约80米。

隐没地下的"宫左流泉"

我们这次调查的主要目的是寻找一条古河道。《金史·张仅言传》记载："六年……护作太宁宫,引宫左流泉溉田,岁获稻万斛。""宫左"即宫殿的东面,它指的是位于北海、景山一带的金朝皇帝行宫太宁宫,"流泉"指溪流。今天的研究者据此猜测,这流泉应是万宁桥下的玉河,玉河可能是在金代河道的基础上修建的,而且高梁河或古高梁河也流经此地[2]。真的有这样一条河道吗?它形成于何时,位于何处,这一疑问吸引我们前往调查。

很幸运,我们在什刹海地铁站工地南半部找到一条斜贯工地的河道遗迹。河道呈西北—东南走向,由地铁站工地基坑西壁中部进入基坑,向东南斜穿过基坑南部,由基坑东南角穿出。

河道可以分为早、晚两期,早期沉积物是砂层,位于地表以下5—7米处,从方向上看,砂层来自于火神庙北的高梁河故道。砂层在工地基坑内宽约30米,厚0.9—2米,以细砂为主,兼有中粗砂。砂层下面是广布于工地基坑中的亚黏土地层。这条带状砂层由多个砂透镜体组成,透镜体之间形成侵蚀和叠压的关系,体现出水流在河道中的摆动。出露的砂层以斜层理为主,并有交错层理和水平层理,部分砂层中包含大量砂礓或黏土小球,未见文化遗物。河渠砂层的埋深与地安门商场埋深6—7米的高梁河砂层相当,或为同一时期。

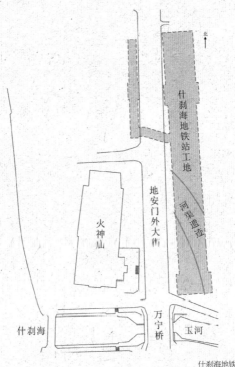

北

什刹海地铁站工地

河渠遗迹

火神庙

地安门外大街

什刹海

万宁桥

玉河

什刹海地铁站故渠道

　　北京大学城市与环境学院的周力平教授和他的博士生冯俊为我们做了光释光测年。测年选择了4个点的样品，两个在地表以下约6.5米的河渠砂层下部平行取样；另两个作为对比样，在该砂层之下，距地表约7.8米深的细砂层中平行采集。测年结果表明，下层的对比砂层为距今19.6±1.4 ka，即距今19600年，误差为±1400年（L2206），属于晚更新世晚期地层，上面的河渠砂层为距今1.93±0.17ka，即距今1930年，误差为±170年（L2205），与古高梁河晚期或高梁河早期的地层年代相近。

光释光测年采样地点

　　这一数据与曹魏时期车箱渠的修建时间较为接近，考虑到测年的误差，我们猜想这条水渠有可能是曹魏时期修建的车箱渠水利工程的组成部分。从我们多年的调查结果看，车箱渠应有多条分支渠道，此渠道是其中之一，它由高梁河分出，最终流向潞县，即今天的通州。它的部分河段为后来的金口河、闸河、通惠河所利用。

　　车箱渠是北京地区见诸记载年代最早的大型水利工程，始建于曹魏嘉平二年（250），《水经注》：（高梁）"水首受漯水于戾陵堰，水北有梁山，山有燕刺王旦之陵，故以戾陵名堰。水自堰枝分，东径梁山南，又东北径刘靖碑北。其词云：魏使持节都督河北道诸军事征北将军建城乡侯沛国刘靖，……以嘉平二年，立遏于水，导高梁河，造戾陵遏，开车箱渠……灌田岁二千顷。"漯水就

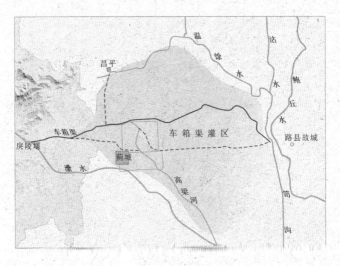

车箱渠分布示意图

是今天的永定河，梁山在今石景山地区，今人对其位置看法不一，有的认为在石景山北，有的认为是今天的老山。刘靖在梁山旁的永定河上建起戾陵堰，旁开水门，将永定河水引入车箱渠，用以浇灌田地。到了景元三年（262）对车箱渠进行扩建："水流乘车箱渠，自蓟西北径昌平，东尽渔阳潞县，凡所润含，四五百里，所灌田，万有余顷。"这次扩建，使车箱渠之水"自蓟西北径昌平"，到达渔阳郡的潞县，也就是今天通州、三河部分地区。北齐天统元年（565）幽州刺史斛律羡又"导高梁水，北合易京，东会于潞，因以灌田"。直到唐代还在利用车箱渠引水，车箱渠前后使用了数百年，是一个由多条分支渠道构成的灌溉网络，而不仅仅是一条水渠，流经什刹海的渠道是其中之一。

我们在砂层上部采集到了炭屑样本，经碳十四测年，为距今1380±30年前，树轮校正后，为605—685年，约为北朝末至唐朝初年，这也正是车箱渠结束的时间。修建车箱渠的目的是灌溉农田，由此向东南引水，最适合附近农田的灌溉。

河渠砂层和打破砂层的亚黏土透镜体

该河道的后期沉积层为暗褐色亚黏土层，覆盖于砂层之上。亚黏土层剖面也呈现为多个底部为弧形的透镜体，透镜体之间呈现出部分叠压关系，并侵蚀、打破下面的砂层。亚黏土透镜体与砂层的接合部，多呈现为斜层理，亚黏土的层理之间夹有薄砂层。亚黏土透镜体底部夹有砖瓦碎片等，包括年代较早的灰陶片和羼云母红陶片，在附近的唐墓处，黏土层底部夹有与唐代墓砖相同的砖块。由此推测，这一沉积层应形成于唐以后的辽金时期。那时什刹海河谷低地中已经蓄水成湖，渠道由湖中引水。由于水中砂源不足，在引水渠道中形成以亚黏土为主的沉积层。

在地铁站基坑的西壁、东壁和南壁都可以看到这条河道的遗迹，在基坑的南壁剖面上，可以看到该河道轮廓清晰的两岸坡，以及河道堆积体和亚黏土堆积体的类异处。在地势较低的工地基坑东南角，亚黏土层顶面距地表约为3.5米。河道沉积层的上面堆积有元代以来的城市渣土，河道应结束于元人都兴建之时。

这条河道有可能是中统三年（1262）郭守敬请开玉泉水以通漕运的河道，《元史·郭守敬传》载郭守敬向忽必烈面陈水利六事："其一，中都旧漕河，东至通州，引玉泉水以通舟，岁可省雇车钱六万缗。"什刹海地铁站发现的古渠很有可能就是引玉泉水至旧漕河的一段河道，旧漕河当指金代闸河，而不是坝河，它是要将漕船引至中都城。此时大都城还未修建，坝河建设尚未提上日程。当时建设重点在燕京城，在那里设立了千斯仓，能与中都旧城相通的渠道，就是旧漕河。

万宁桥以东的玉河南转后有一段西北至东南向的河道，这段斜向河道很可能就是利用了"宫左流泉"的故道。

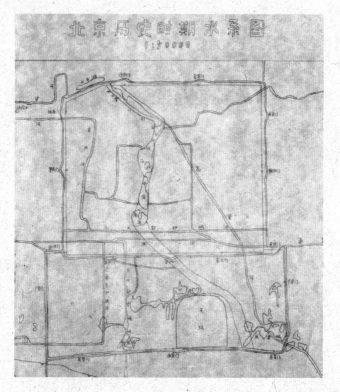

侯仁之先生存《北京历史时期水系图》局部

这条河道前人曾有推测，在侯仁之先生所存地图中，有一幅《北京历史时期水系图》，图中就画了这条河，但是河道注明是高梁河，它经过外城东部，东南与萧太后运粮河相接。这是20世纪60年代的认识，地震地质会战之后已经改变了。因为人们已经知道，汉代以后的高梁河是沿着汉代以前的古高梁河故道走的，由什刹海东出的河道不是高梁河。

以往的研究认为，万宁桥下的河道是利用金代"宫左流泉"河道建设的，此次发现表明，万宁桥东面的斜向河道可能是其故道，万宁桥下的东西向河道应是元代所新辟，以利于中轴线城市道路的设计。

河渠旁边的古墓葬

我在调查什刹海地铁站工地古河道遗迹的过程中，发现在河道的沉积层中有唐代的青砖。这种砖多来自于附近的唐代墓葬、水井或其他遗迹，就像我们此前在二七剧场路工地看到的。于是，我对河道周边古环境进行了调查，在万宁桥东北约8米处，发现了一座唐代砖室墓残迹。

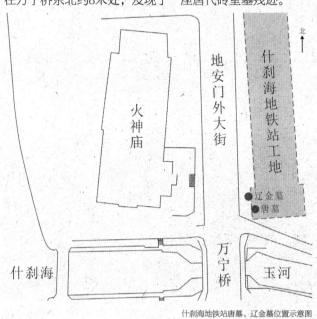

什刹海地铁站唐墓、辽金墓位置示意图

不巧的是，施工是在夜间进行的，当我调查时，墓葬主体已在前一晚的施工中消失了。但现场仍可以看到在挖掘机挖过的土中，散布有许多北京地区常见的唐代细条纹灰砖。在基坑西壁上，残存有一处唐代墓室遗迹。

　　墓室残迹宽2.3米，高0.75米。遗迹底部距今地表约4米，墓底遗迹的南半部有多块平铺的细条纹灰砖，应是墓底铺地砖及墓壁砖。北半部底部有20厘米厚的素土层，素土层南北宽1.45米，应是墓室后部为修棺床而铺垫的土台遗迹，其上有平砌墓砖痕迹。墓砖为青灰色，长40厘米，宽18厘米，厚5.5—6厘米。墓坑内的填土为褐色，以黏土质粉砂为主，含有碎砖块。

　　从残存的墓砖铺砌特点看，墓室方向为坐北朝南，或略微偏东。唐代砖室墓多呈圆形，此为墓室西壁残迹，由此推测墓室直径可达3米以上。墓室残迹被万宁桥的元代

什刹海地铁站唐墓墓砖

夯土所打破，可知至迟在元代，墓室就已经被毁坏了。而墓葬东侧河渠中所发现的墓砖表明，唐墓毁坏的时间可能要早于元代。

在唐墓遗迹北侧，距唐墓约5米处，基坑的西壁上，显露出一个宽条纹砖的砌筑物，埋深与唐墓相近，其底部距今地表3.7米。出露的遗迹为坑状，坑底平坦，南北出露宽约2米，向上呈敞口状，坑顶面宽度不详，应在5米以上。坑底和坡壁上有大量碎砖。砖的种类不一，一种是素面砖，青灰色或偏褐色，宽10.5～□0厘米，厚0～7厘米，长度不详；一种是宽条纹砖，宽16厘米，厚4.6厘米，长度不详，砖面有6条沟纹，应是辽代后期至金初的遗物。

什刹海地铁站工地万宁桥夯土及唐墓、辽金墓残迹

土坑遗迹中部出露一段用宽条纹砖砌筑的矮墙，墙残高约1米，似为圆形砖室墓的墙壁残迹，矗立于土坑遗迹的底部。这处遗迹应是辽金时期的砖室墓，露出的应是墓坑的一角。在此坑的北侧又有一个含有大量同时代碎砖的坑迹，由于受工程施工的影响，已难以知道二者的关系。

什刹海地铁站疑似辽金墓残迹

由此推测，当地或许是一处晚唐五代至辽金时期的家族墓地。在北京地区，这种跨越朝代的家族墓地常有发现，反映了当地某些家族的延续未因朝代更迭而改变。当然，也有可能是不同时代的两个家族的墓葬，这还有待于考古的鉴别。

通过墓葬位置，我们可以推测一下当地的唐代地貌。从墓葬附近的地层看，唐代地面应比今天万宁桥北的路面低近2米。如果同西边的高粱河河床比较，则高粱河床比今路面低6—7米，可知当时的河岸高度在5米左右。

北京地区有不少唐墓选址于河旁高地上，在古高粱河故道岸边、古清河故道岸边的高地上都曾有唐墓出土。此处唐墓的选址也体现了这一特征，它选址于高粱河东岸的高地上，这处高地并不开阔，东、西、北三面环有河道，南面可能还有道沟，但它的景色绝佳，西面是宽广的河谷低地，可以见到宽阔的水面和远处的西山。墓主人可能没有想到，几百年后这里竟成为一座伟大城市的中轴线。后人也没有想到，在这条中轴线下还有一处先民的墓地。

这处唐至辽金时期的墓地使我们联想到什刹海西岸出土的唐墓。1976年，在北海中学教学楼前出土《唐宋再初墓志》及其妻《蔡氏墓志》。据墓志记载，"大中十三年（859）正月十五日，归窆于幽都县界礼贤乡龙道村西南一百廿步之原"[3]。一步约1.5米，120步约180米。从位置上看，龙道村应在北海中学东北面的地安门西大街处。1998年在平安大街改造工程中，就曾在北京市文物研究所门前的道路中央，挖出过一口同时期的水井。

龙道村隔着什刹海水域与万宁桥旁的唐墓遥相呼应，它们之间似乎存在着某种联系，这个联系就是古代的道路系统。古代村落常与道路系统相关联，河边的村落有时就是渡口。唐代幽州城外的墓葬也常建在道路附近，把这些现象串联起来，可以推测出，当年幽州城北有一条斜向东北方的道路，它在龙道村附近跨过高粱河，在河谷两边渡口附近的高地上各有一处家族墓地。

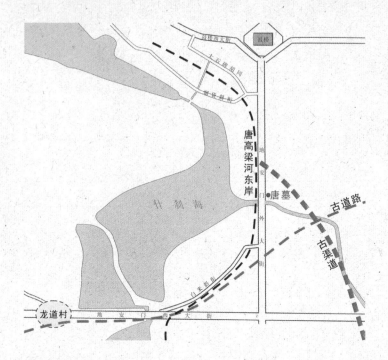

唐墓与龙道村古道

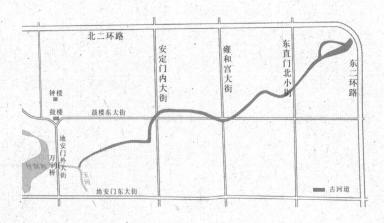

由万宁桥东至内城东北角的古水沟

侯仁之先生开展北京城古河道调查时，调查人员曾在万宁桥东玉河转弯处探到一条沟渠遗迹，这条遗迹向东北方一直延伸到内城东北角。这一发现后来刊登在地震地质会战资料中[4]。这条沟早年或许就是该古道的道沟，郭守敬曾建议由万宁桥附近修一条渠道与坝河相接，可能就是想利用这条道沟筑渠引水。这条道路若确实存在，它应从唐墓的前面经过。

万宁桥头的元代夯土

万宁桥俗称后门桥，位于什刹海东岸出水口处。在对什刹海地铁站工地调查时，于工地基坑的西南角，发现元代夯土层。从位置和形态上看，应是元代万宁桥夯土层。

此次出土的万宁桥夯土遗迹位于唐墓遗迹的南侧，距今天的万宁桥东北角桥栏板约3米。夯土层部分打破唐墓，呈现为叠压关系。从这一现象看，当年修筑万宁桥时，必定挖到过这座唐墓，挖出的墓砖或许成了打筑夯土的材料。

由于夯土层位于基坑的西南角，在西壁和南壁上都有反映。西壁上的夯土层底面由北向南呈弧形向下倾斜，出露夯土层最深处距地表约4米，南北向出露宽度约5.5米。南壁上的夯土层由东向西亦呈弧形向下倾斜，东西向出露宽度约5.3米，出露夯土厚度约1.6米。只是西壁上可以看到清晰的夯层，南壁上的夯层则不易分辨出来。夯土顶面被明清时期的灰坑打破，明清灰坑之上为现代填土。

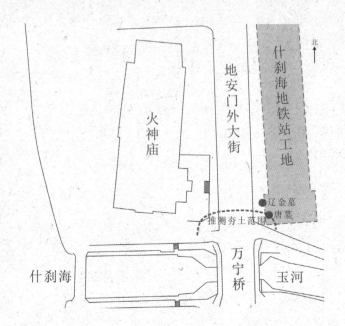

什刹海地铁站万宁桥夯土分布示意图

什刹海地铁站万宁桥夯土

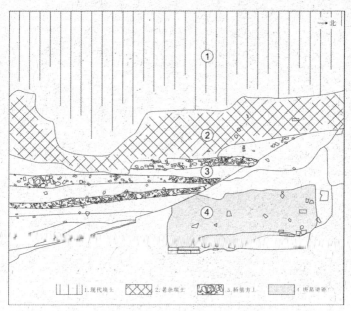

什刹海地铁站唐代墓葬遗迹及元代桥基夯土

在基坑西壁上的夯土层中，可以明显分辨出四层土和三层碎砖层的互层。这种一层土一层碎砖的夯筑方法，是北京金元时期遗址中常见的夯土形式。碎砖层中，有金代至元初的宽条纹小薄砖，砖厚4厘米。此外，还有其他陶片和碎石等。

说它是万宁桥的夯土，是因为此处夯土就在万宁桥边，为元代夯土特征，夯土向桥的一侧逐渐加深加厚，显然是以桥为中心形成的。夯土层的发现使我们对万宁桥的建造工艺有了进一步的了解，它是先在河道岸边挖一个大基坑，里面施以层层夯土，夯土范围大于桥体。

除了上述遗迹之外，工地内还有元代以来不同时期的城市堆积层，出土有清代下水道、水井和道路遗迹等。

万宁桥下的古河道

　　万宁桥修建于元代，桥下的河道有可能是兴建元大都时，改"宫左流泉"水道而成，以顺应城市的规划建设。元至元二十九年（1292），郭守敬为了使大运河的漕运物资能够由通州沿水路运进大都城，修建了通惠河，此河道成为通惠河的一部分。通惠河上游取源于昌平的白浮泉和西山的玉泉等泉，经过大都城内的海子，由万宁桥下东出，流经通州城，至李二寺附近，与大运河相接。河道完工后，忽必烈看到海子内舳舻蔽水，十分高兴，赐名通惠河。

　　通惠河是大运河水利系统的组成部分，具有十分重要的文化价值，可是在过去的许多年里，它被人为地填埋了，上面还盖起了房屋。由于房屋破烂，有碍观瞻，

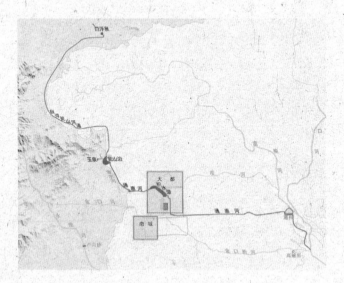

元代通惠河示意图

万宁桥旁的广告牌

20世纪80年代，人们在万宁桥东、西两边各立了一块广告牌用来遮挡。河道不见了踪迹，只有斑驳的石栏杆还能使人联想到石桥和河道。

1998年，北京市政府请侯仁之先生给市领导讲北京城市的历史，这对于侯先生来说可谓轻车熟路，但他还是做了认真准备，他治学讲课十分重视效果，言必有针对性，力戒泛泛空谈。为此他专门做了实地调研，希望了解现存的实际问题，做到有的放矢。

侯先生是历史地理学家，他从北京城与环境的关系来讲北京城的发展，取名《从莲花池到后门桥》。莲花池位于北京西客站旁，曾是北京早期城址蓟城的水源。元朝忽必烈建大都城，将城址由莲花河水系转移到高梁河水系，后门桥正好位于元大都的中轴线上。侯先生在讲座中，针对莲花池和后门桥存在的现实问题提出改进建议。他当时虽已80多岁，但为了做到心中有数，不顾年迈，亲自去莲花池和后门桥调查，我和北京市文物研究所王武钰先生陪同他前往调查。

在后门桥调查时，恰好遇到一位居住于当地的70多岁的老先生，侯先生拿着笔记本，时而提问，时而记录，认真了解后门桥一带几十年来的变化，征求他对整治当地环境的意见。后来侯先生在讲座中提出了疏通后门桥河道，实现水清岸绿的建议。北京市领导对此十分重视，立即召开现场会，限期完成改造。两年多后，后门桥河道恢复了昔日绿水澄清的景象。

2007年，东城区恢复地安门东大街以北的玉河河道，北京市文物研究所对河道进行了考古发掘，发掘出元明清不同时期的河道遗址。考古的重点在明清时的河道，但也在局部挖掘到元代河道，其所揭示的元代岸坡底部建筑方

侯仁之在后门桥考察

法与通惠河广源闸附近发现的河岸建筑方法相似，反映出通惠河采用了统一的建筑方法。这一段元代河岸最初有可能是倾斜的岸坡，明代改为垂直砌筑的砖石河岸。

2007 年东城区玉河整治工程

万宁桥东通惠河元代河道木板、木桩遗址

（北京市文物研究所等《北京玉河 2007 年度考古报告》）

元代广源闸东河道木板、木桩遗迹

通惠河由此向南，绕萧墙南行，出大都南城垣，东至通州。其行至萧墙时，可能有分支的引水渠，流入厚载门内的御园。《析津志辑佚·古迹》："厚载门松林之东北，柳巷御道之南，有熟地八顷，内有田。上自构小殿三所。每岁上亲率近侍躬耕半箭许，若藉田例。……海子水逶迤曲折而入，洋溢分派，沿演淳注贯，通乎苑内，真灵泉也。"这套灌溉系统还可能用于水磨："东有水碾一所，日可十五石碾之。"这座水磨有可能在金代"宫左流泉"时就已经有了，周边是水浇的良田，元代圈入大内，成为来自草原民族皇帝的躬耕之所。可惜我们已无法确定引水渠道的具体位置，只能

猜测它有可能在东板桥街附近。

　　在后门桥的环境得到整治之后，市政府又在什刹海东岸后门桥河道入口处修建了一座拱桥，以便利于什刹海游人的通行。桥需要有个名字，市领导遂请侯先生起名并题字。侯先生想到什刹海有一座银锭桥，就在湖的对岸，十分有名，于是将这座新桥起名为"金锭桥"。他说中国人喜欢金银并提，金锭桥正好与银锭桥呼应。为了保险起见，他征求了同事、好友的意见，得到肯定后十分高兴，于是给市领导写信，告诉他桥名起好了，叫金锭桥，但字还是请别人题，因为侯先生认为自己的字写得不好，每当需要题写碑文时，他从来是只撰文，不书丹。此次他在信中表达了同样的意思。谁知没过多久，市领导亲自登门，拿来了设计好的"金锭桥"题字栏板图样，字竟然是侯先生题写的。原来市领导把侯先生信中的"金锭桥"三字拷贝放大，做成设计图样。对于市领导的执着做法，侯先生很是吃惊，只好从命，盖上印章。什刹海从此多了一座金锭桥。

什刹海金锭桥

注释：

1. 北京市地震地质会战办公室编：《北京市地震地质会战研究成果汇编（3）》，内部资料，1978 年，第 83 页。

2. 陈平：《"三海"涵碧润京城，一湾绿水惹事端——浅议"三海"在北京城和什刹海诸文化孕育与发展中的地位及作用》，载王粤主编《北京的文化名片什刹海（上）》，中华书局，2010 年，第 16 页。

3. 董坤玉：《北京考古史魏晋南北朝隋唐卷》，上海古籍出版社，2012 年，第 51、71 页。

4. 孙秀萍：《北京城区全新世埋藏河、湖、沟、坑的分布及其演变》，载北京市社会科学研究所《北京史苑》编辑部编《北京史苑》（第 2 辑），北京出版社，1985 年，第222—232 页。

什刹海东岸的湖岸演变

层层递进的湖岸遗迹

20世纪60年代进行元大都考古调查时，人们就已经知道，元代积水潭东岸临近地安门外大街，人们由此提出，元大都中轴线是沿着海子东岸划定的。20世纪60年代末，在地安门百货商场施工中，出土了许多木桩和散落的护岸石条，人们认为那里就是积水潭东岸，可惜缺乏明确的调查记录。

1998年11月，地安门百货商场（地安门商场）二期工程开工，它为人们观察什刹海东岸变迁提供了机会。那时的工地管理尚不严格，可以自由出入，便于开展调查工作。工程位于地安门外大街西侧，工地基坑呈刀把形，西面临近什刹海东岸道路，东面与地安门百货商场平行，南面靠近火神庙后墙，北面与商场老楼北墙平行，东西宽约50米，南北长约90米，围绕商场旧楼的南面和西面。工地地面高程为：东端海拔48米上下，西端海拔46米左右。

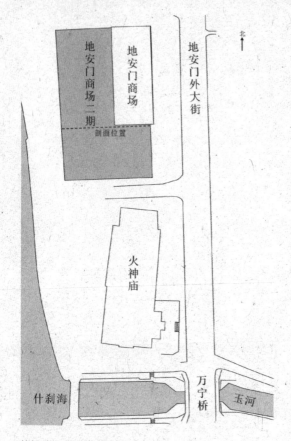

地安门商场二期工程位置示意图

地安门百货商场新楼基坑东面距地安门外大街不足
20米，挖掘深度超过10米。工地地表以下4米之内为人工
堆积土，可细分为3层：第一层厚近2米，含有大量砖瓦碎
块，为城市堆积物，包括现代城市渣土；第二层厚1.2米，
灰色粉砂质黏土，含有瓦砾，为填埋湖泊之土；第三层厚
0.8米，灰色，含有大量垃圾，包括瓦砾、瓷片、牲畜骨

头等，瓷片中有卵白釉瓷、黑釉瓷、钧窑瓷等，具有明显的元代特征，没有典型的明代瓷片，说明该地层形成于元代，不晚于明初，应是湖泊岸边的水下渣土堆积层。

其下为自然沉积的深灰色或黑色湖相地层，厚2.8米，呈现为粉砂质黏土、黏土质粉砂、粉砂和细砂的互层，含有螺壳和植物残体。又下为透镜体状的砂层，砂层最厚处达1.7米，薄的地方厚约1米，分布于整个基坑。砂层为粗砂夹少量圆砾、砂礓，含瓦砾，上部有唐代白瓷片，应是东汉以后至唐代中后期的高梁河沉积层。砂层之下为厚达3米的灰色、灰黑色亚黏土层，含有植物残体，再往下则是古高梁河的砂砾石层。

在此工地范围内，没有发现元代湖岸和木桩遗迹，但是工地东端出土的湖泥沉积物中包含有大量元代遗物，它表明那里已经到了邻近湖岸的地方，元代湖岸应该就在近旁。它是由湖岸上的洒落垃圾和湖水的冲积作用形成的水下堆积体，此种堆积物在清淤前的昆明湖北侧石岸旁也有广泛分布，有的地方甚至露出水面。当年什刹海东岸石壁旁也应有如此景象。

地安门百货商场二期工程也提供了元代以后什刹海东岸变迁的线索。在基坑的南北两侧坑壁上，可以看到湖岸向湖中推进的痕迹。由城市垃圾组成的人工填土呈现出斜坡状的堆积层理，层层叠压，越临近今天什刹海湖岸的地层年代越晚。

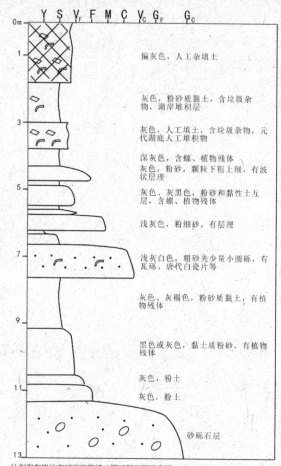

| 0m | Y | S | V$_F$ | F | M | C | V$_C$ | G$_F$ | G$_C$ |

偏灰色，人工杂填土

灰色，粉砂质黏土，含垃圾杂物，湖岸堆积层

灰色，人工填土，含垃圾杂物，元代湖底人工堆积物

深灰色，含螺、植物残体
灰色，粉砂，颗粒下粗上细，有波状层理

灰色、灰黑色，粉砂和黏性土互层，含螺、植物残体

浅灰色，粉细砂，有层理

浅灰白色，粗砂夹少量小圆砾，有瓦砾、唐代白瓷片等

灰色、灰褐色，粉砂质黏土，有植物残体

黑色或灰色，黏土质粉砂，有植物残体

灰色，粉土

灰色，粉土

砂砾石层

什刹海东岸地安门百货商场二期工程剖面示意图

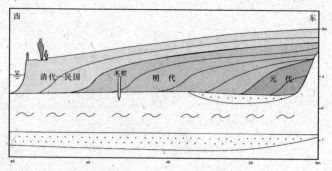

什刹海东岸变迁示意图

126

当地明代晚期湖岸在今什刹海湖岸以东20多米处，填土中混杂有大量明代晚期的青花瓷片，并钉有护岸的木桩。清代湖岸在基坑西侧临近湖边道路处，今天的湖岸应是20世纪以来形成的。自元代以来，湖岸由地安门外大街西侧逐渐西进，一直达到今天的位置，共推进了约80米。今天此地的湖泊宽度只有60—80米，而在700年前的元代，水面要宽阔得多。

在地安门百货商场二期工程基坑南壁，即火神庙后身，挖到一处明代建筑遗迹。遗迹底部为小桩，即一般所说的梅花桩，桩上面是灰土夯层，再上面是明代城砖砌筑的墙体，残留5层砖。从特征看，有可能是明代建筑遗迹，或为大墙基础，或为房屋基础。在遗址下面，有含唐代瓷片的砂层，砂层呈由北向南的走向，向南应延伸至火

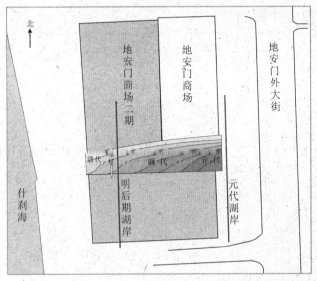

什刹海东岸元、明湖岸位置示意图

神庙下。看到这个砂层，不由得想起火神庙的始建年代，一般认为火神庙建于唐代，唐代砂层真的会延伸到火神庙下面吗？它成为一个未解的疑问。

地百商场前的护岸石

2012年，地铁8号线什刹海站西出口的工程再次为我们了解元代积水潭东岸提供了机会。为了便利什刹海一

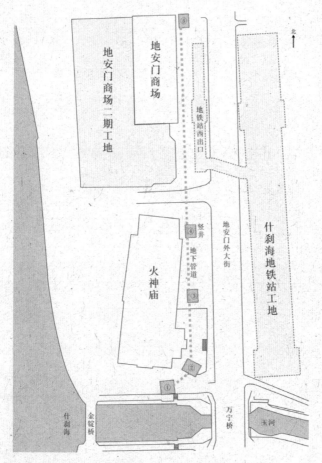

什刹海地铁站管道工程竖井分布示意图

带的游人乘坐地铁，地铁站在地安门外大街西侧设计了出口。西站口位于地安门百货商场前，在出站口工程正式施工前，先期进行了雨水和污水管道施工。

雨污管道位于地安门百货商场前3—4米处，采用暗埋顶推水泥预制管方法施工。管道为南北向，工程埋深4—6米。为此共设有5座顶推管道用的竖井，其中1座位于火神庙前，4座位于火神庙和地安门百货商场以东的地安门外大街西侧。

我们先说火神庙和地安门外百货商场东侧的4座竖井。在此4座竖井中，除了最南端管道拐角处的2号竖井情况不明外，其余3座均出土了元代湖岸遗迹。遗物中既包括护岸石块和木桩等湖岸建筑遗迹，也包括含有螺壳、瓷片、煤渣、砖瓦等的湖底沉积物。元代积水潭曾建有石砌湖岸，《元史·河渠志》说："海子岸上接龙王堂，以石甃其四周。"管道工程出土的石岸遗迹，应该就是《元史》所记的石岸。

在地安门百货商场前的5号竖井中，出土了汉白玉护岸石条。据施工者介绍，汉白玉石条长约1.2米，宽约0.6米，厚度不详，发现的铺设长度约为10米。汉白玉石条的分布地点在地安门百货商场前，出露深度在水泥顶管的顶部，距地表4米多。我在调查时看到竖井内有凿碎的汉白玉碎石块。

北京地区在唐代已经出现汉白玉石条护岸，2006年在白纸坊桥南100米处的护城河底，就曾出土唐代用汉白玉石块砌筑的河岸[1]，所以元代在积水潭东岸使用汉白玉石块砌筑湖岸并不奇怪。汉白玉具有一定的装饰性，使用汉白玉石砌筑湖岸，表明它应是一处重要湖岸，有可能是一处码头。

在位于火神庙后殿东侧的4号竖井，出土了许多灰岩的可能用于护岸的随形石块。广源闸两侧雁翅之外曾使用随形石砌筑护岸，有如今天公园里湖泊的叠石护岸。这里是否也是这样的石岸呢，还有待于进一步调查。

5 号竖井出土的汉白玉碎石块

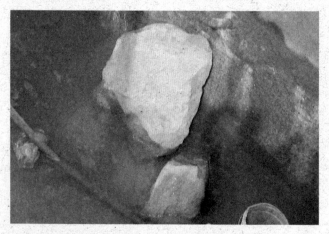

4 号竖井出土的石块

位于火神庙正殿东配殿东面的3号竖井中，于地下约4米处出土了许多用石灰砌筑的花岗岩石条，应是湖岸遗迹。这处石岸遗迹距西面的火神庙正殿东配殿约6米，近南北走向，稍向西南偏斜。花岗岩石条表面不很规整，长度不一。其中一块石条长1.6米、宽0.6米、厚0.23米，石条上沾有石灰浆。石灰浆的碳十四测年为625±25a.B.P，校正后年代为1290—1400年，准确度95.4%。表明这处石岸遗迹应为元代中期或后期所建。

看到这些石条的尺寸，使我联想到三山五园地区清代御路的花岗岩石条，其中一种石条尺寸与此完全相同。原来，几百年间石条的规格没有变化。它们是否出产于同一采石场？是否有约定俗成的技术规范？这样的规范又是如何延续下来的？明代称花岗岩为豆渣石，白虎涧是其最重要的采石场，元代当地是否已有采石场呢？什刹海岸边的元代石条是否也产自于此？这些都值得探讨。

3号竖井出土的花岗岩石条

《元史》记载："仁宗延祐六年二月，都水监计会前后，与元修旧石岸相接。凡用石三百五，各长四尺，阔二尺五寸，厚一尺，石灰三千斤。"延祐六年为1319年，与上述测年数据基本符合，石板尺寸也相似。而且此处所用花岗岩石板与旧石岸相接，有可能就是上述文献中记载的石岸。

元都水监旁的石砌湖岸

从上文可知，3号竖井处出土的这处石岸位于元代都水监衙门旁。据《析津志》记载："澄清闸二，有记，在都水监东南。"即元都水监衙门位于万宁桥西北。《析津志》又称："洪济桥在都水监前，石甃，名澄清上闸，有碑文。"洪济桥即万宁桥，是澄清上闸，在都水监的前面。由此可知，都水监位于澄清闸西北，今火神庙东侧偏南的地方。此段石岸略向湖中突出，南面与火神庙前出土的旧石岸相接，将都水监衙门围在湖外。石岸恰好在都水监前后，符合文献记载。

《都水监事记》在描述当地景色时说："监者，潭侧，北西皆水。厅事三楹，曰善利堂。"可知都水监衙门旁临积水潭，其官厅面阔三间，规模不大。由于湖岸略向湖中突出，所以"北西皆水"。由此看来，都水监位于万宁桥西北积水潭岸边，是一处规模不大的庭院。由于临湖而建，基础会受到湖水侵蚀的影响，于是需要加固湖岸。从上述分析看，这段石岸很有可能就是延祐

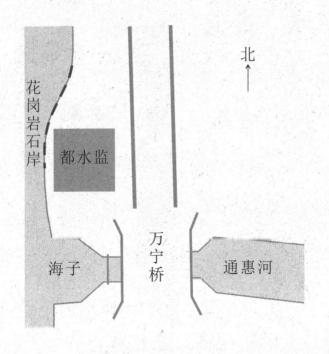

花岗岩石岸

都水监

海子

万宁桥

通惠河

元都水监旁花岗岩石岸示意图

六年所建的石岸。

都水监所在地虽当河道要冲，但地域空间狭窄，要想增建房屋，只能向湖水要地。这可能是该处湖岸不断向湖中扩展的原因。而旁边的湖区原本也比较浅，《都水监事记》在记载都水监善利堂后的景观时说道："堂后为大沼，渐潭水以入，植夫渠荷芰。"当地湖面应已同积水潭水域分离，成为荷塘，在此围湖占地比较方便。

到了明朝初年，当地的湖岸空间已比较宽阔，元代都水监衙门被改建成文庙和宛平县学。

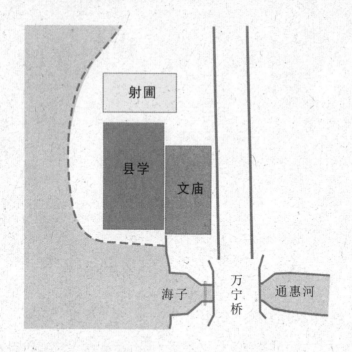

明洪武年间宛平县文庙、县学分布推测示意图

　　《顺天府志》记载"文庙在日中坊海子桥西北，洪武二年，因旧都水监改置。至八年，修理完备"，"县学在日中坊海子桥西北，洪武三年修盖。射圃在县学后，洪武八年创筑"。《宛平县志》记载县文庙："洪武二年，以元都水监署改建，在县治东海子桥，建置凡三十四年，至永乐改元诏罢之。"明洪武年间，这里已经有宛平县的文庙、县学和射圃。这些设施绝非初建时的都水监所能容

下，今天火神庙所在地在当时可能已成陆地。火神庙能在此发展到今天的规模，应是明永乐元年在此撤出文庙和县学之后的事。

10多年前，在火神庙西侧进行管道施工时，曾出土明万历年间的青花瓷片，如果那里在明晚期已经成陆，则表明那里的成陆速度略快于地安门百货商场一带，这可能与明代火神庙的建设有关。

北京市正在筹划北京城中轴线的申遗工作，北京城的中轴线起于元大都，元大都的中轴线位于元代积水潭东岸，也就是今天的什刹海东岸。搞清楚元大都积水潭东岸的位置和湖岸特征，对于元大都中轴线的研究具有重要意

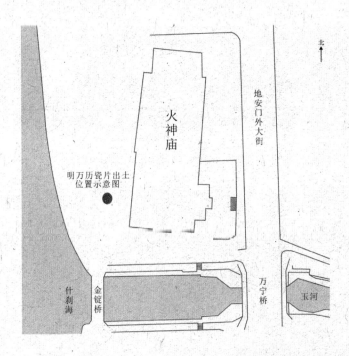

火神庙西出土明万历瓷片位置

义。同时，它也涉及元都水监和明火神庙早期位置的确定，是一处特别值得开展考古调查的地点。

火神庙前的元代岸壁

什刹海地铁站雨污管道工程最南面的一座竖井，位于火神庙东南，旁临什刹海通往万宁桥的河道。南距河岸约6米，北距火神庙东南角约6米。竖井为方形，各边宽6米，深6米。

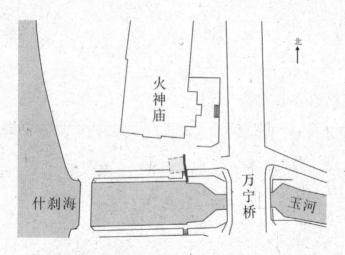

什刹海地铁站雨污管道工程石壁遗址位置示意图

在挖掘竖井的过程中，出土了一段湖岸石壁，石壁没有被挖掉，而是用作了竖井的东壁。石壁构造与万宁桥澄清闸金刚墙及其雁翅石壁相同，并与澄清闸西北侧雁翅石壁相接，是当年澄清闸水利工程的组成部分。

什刹海火神庙前的元代积水潭东岸石壁

今天，万宁桥西北岸雁翅石壁向西延伸到尽头时，有现代河岸与之相接。现代河岸继续向西，至金锭桥与什刹海湖岸相连。此次工程显示，澄清闸雁翅石壁在与现代河岸相接的地方向北转折，即雁翅末端裹头部位的石壁向北延伸至火神庙东南角附近。

竖井中出土的石壁长约6米，大致呈南北走向，中间有一个小角度的转角。用罗盘测量表明，转角以南呈北偏西17°，转角以北呈北偏西5°。

石壁高约5.2米，壁顶压在现代石板路面的下面，距地表约30厘米。石壁用青石砌筑而成，《析津志》载："都中桥梁、寺观，……青石为砖，磬砌大方，样如江南。"元代通惠河上的闸桥，如广源闸、会川闸等都是用此种石块砌筑的。此处石壁所用石块高度在30—60厘米之间，长度在60—180厘米之间，石壁顶层石块的厚度大于40厘米。从照片上可以看出，当石块不一样高时，会对石块进行局部修整，以使其顶面取平。

石壁由7层或8层石块砌筑而成，最底部的一层石条高46.5厘米，由石壁面向外突出约15厘米，有如房屋的台基。它的下面是平铺的石板，即海漫石，也称装板或地平石，是平铺于湖底用来保护泊岸的。海漫石由石壁下向湖中延伸出3.2米左右，石板大小不一，其中一块长1.3米、宽60厘米、厚18厘米。

上壁的剥蚀片试

工人正在用电动工具破除海漫石

海漫石板之间用铸铁锭加固，铁锭两头宽、中间窄，形若银锭，俗称"银锭锁"。我们测量了一个较小的银锭锁，锁长25厘米，两端宽15厘米，中间束腰宽8厘米、厚5厘米。

1号竖井出土的海漫石银锭锁

过去民间传说银锭锁是用铁水现场浇铸出来的，但从出土的银锭锁看，它的各面都包裹有石灰，有的石灰中还保存有木屑。由此可知，银锭锁不是现场浇铸出来的，而是在两块石板衔接处横跨两石开凿出银锭形状的燕尾槽，槽内灌上石灰浆，再将事先浇铸好的铁锭嵌入其中。《析津志》所载"凡桥梁、闸门、坝堰，俱以生铁铸作锭子，陷定石缝"即指此。

我们在调查时，看到工人挖出银锭锁，遂请什刹海街道工作人员收回，以便将来做展览之用。

　　海漫石下面是30厘米厚的碎石与石灰混合体的夯层，夯层下面是钉入黑色泥土中的木桩。从挖出的木桩看，木桩直径16厘米、残长2.7米，按其他地点出土的元代木桩推测，原有长度当在3米以上。木桩间距约30厘米，呈梅花状分布，也就是人们常说的梅花桩。

海漫石下有碎石夯层和梅花桩

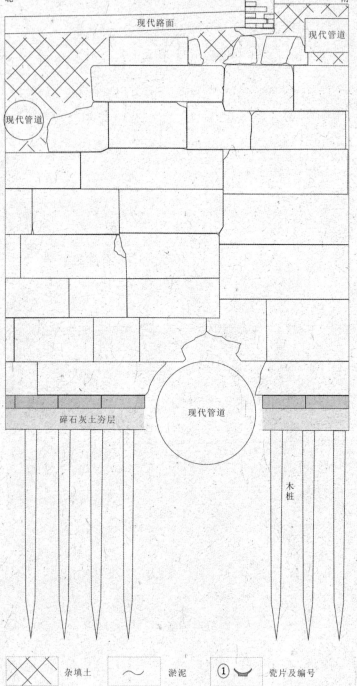

北　　　　　　　　　　　　　　　　南

现代路面

现代管道

现代管道

现代管道

碎石灰土夯层

木桩

⊠ 杂填土　　　〜 淤泥　　　①▽ 瓷片及编号

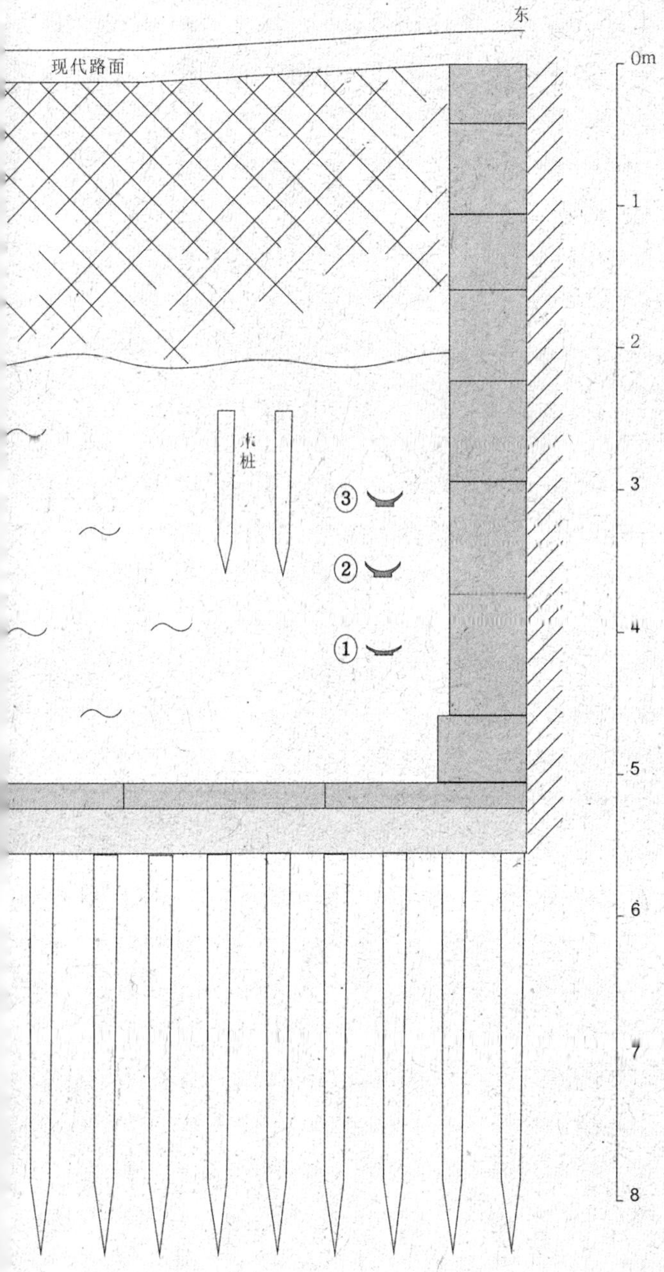

东

现代路面

木桩

③
②
①

0m

1

2

3

4

5

6

7

8

火神庙前的元代青石湖岸复原图

143

在海漫石的外沿，密钉有60厘米宽的木桩带，木桩带由3排紧密钉在一起的木桩构成，木桩直径也是16厘米，桩顶稍高于海漫石板，用作海漫石的护脚桩。在海漫石下面的碎石夯层中，夹有元代瓷片，未发现明代瓷片。

海漫石外沿的密钉木桩

石壁建造年代

其一，根据瓷片来判断石壁的建造年代。在海漫石板的上面，沉积有约3米厚的黑色淤泥。淤泥为黏土质粉砂，内含大量瓷片，其中以青花瓷为主，也有一些其他釉色的瓷片。

青花瓷片埋深及时代特征如下：

由石壁顶端计算，向下4米深处出土明早期青花缠枝莲纹碗底足残片，碗心有涩圈，涩圈上有火石红，碗底无釉，碗外壁饰青花缠枝莲纹。其时代为洪武至永乐年间，或正统至天顺年间。

向下3.6米深处出土青花松竹梅石纹碗残片，约为成化、弘治年间。

向下3.3米深处出土青花灵芝团花碗残片，约为嘉靖、万历年间。如照片：

淤泥上面堆积有厚约2米的杂填土，杂填土的底面含有明末清初的瓷片，其上以清代瓷片为主。再结合海漫石下面的碎石夯层中出土的元代瓷片，我们可以推断，石壁的建筑年代早于明朝初年，到清代石壁已经埋入地下。在乾隆十五年（1750）的《乾隆京城全图》上，此处已是河岸。

石壁前淤泥中的青花瓷片

145

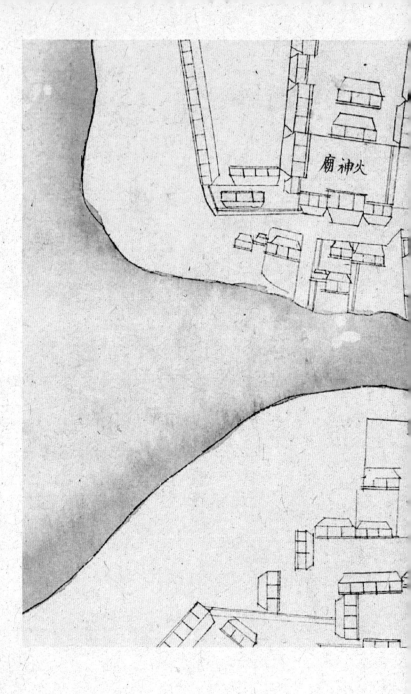

火神廟

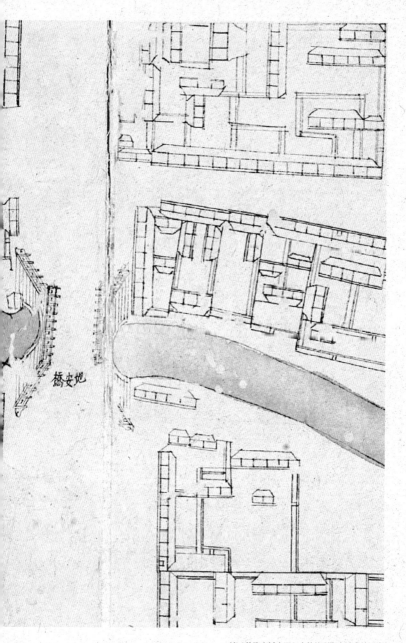

地安桥

清《乾隆京城全图》中的什刹海火神庙前河岸

其二，做碳十四测年。我们做了两个测年，第一个是取石壁下的护脚木桩外皮做测年，年代在1300—1370年之间，约为元代中晚期，万宁桥改建石闸的时间在此范围之内。第二个是包裹在石灰浆中的木屑。我们在清理铁锭周围粘连的石灰时，在石灰中发现木屑，疑似木柄工具脱落的木屑。其测年为1220—1310年之间，约为元代早中期，与至元（前）年代相符，早于泰定三年（1326），这可能与木屑本身年代较早有关。尽管测年数据之间有差距，但它至少表明石壁为元代所建。

其三，依据考古发现和文献记载分析。2000年，在万宁桥东北侧雁翅的镇水石兽颌下，人们发现"至元四年九月"刻字。元代有两个至元年号，前一个至元四年为1267年，后一个至元四年为1338年。北京考古工作者所编的《北京元代史迹图志》一书认为它是前至元四年[2]，但这一年大都城刚在筹划之中，不可能建万宁石桥和澄清闸。

在元代，通惠河的闸桥有过一次由木质改为石质的过程。宋褧《都水监改修庆丰石闸记》记载了此事："世祖皇帝至元二十九年，可昭文馆大学士知太史院领都水监事臣郭守敬图水为渠，曰通惠河，……视地形创闸，附崖壁及底皆用木，凡二十四，……后二十年，当至大四年，诸闸浸腐，宰相请以石易，为万世利。"

意思是说，至元二十九年（1292）兴建的闸桥是木质的，至大四年（1311）开始改为石质的。此后依轻重缓急，对通惠河上的闸桥陆续改建，整个工程由至大四年开始，到泰定四年（1327）完成。

这次改造也包括万宁桥，《日下旧闻考》："万宁桥在玄武池东，名澄清闸，至元中建，在海子东。至元后复用石重修，虽更名万宁，人惟以海子桥名之。"《元史》："（泰定）三年八月戊寅，修澄清石闸。"若此，"至元四年"就只能是后至元，但后至元四年距泰定三年（1326）已经过去12年，为何还在添置石兽，令人费解。

合理的解释是，此石兽的年代早于石桥。万宁桥共有四只石兽，有刻字者为东北角石兽，其形制与其他二兽不同，也非同一批石料所制，有可能是移用它处石兽，甚至是从南城迁来。从石岸木桩的测年数据看，石岸的建筑年代更符合泰定年间，故石兽不代表石桥的建筑年代。

顺便一提的是"丙寅桥"。澄清闸是船闸，共有三座石闸，为上、中、下闸，间隔各一里，以便于通航。万宁桥为上闸，中闸是今天的东不压桥，2007年时已经发掘出土，下闸位于东黄城根旁，数年前也已发掘出土。丙寅桥是澄清中闸的别称，《析津志》："丙寅闸，中闸，有记。"有研究者认为丙寅为方位，其实丙寅是年代，丙寅年是元泰定三年，这一年修建的澄清中闸石桥。

火神庙前的明代木桩

从元代开始，什刹海东岸逐渐向西延伸。在元代晚期至明代前期，火神庙所在地逐渐由湖变为岸。

在1号竖井的北部，距地表约3米深处的黑色淤泥层中，出土了一些木桩。木桩直径约12厘米，残长100厘米，似呈东西向排列，木桩南面以淤泥为主，北面多碎石、砖块等人工填充物。这些木桩应是湖岸的护岸桩，水在木桩南，岸在木桩北。木桩的碳十四测年为1480—1640年，再结合地层时代和木桩直径看，这处河岸应属于明代中后期。可见，元代南北向的湖岸此时已转变为东西向湖岸。

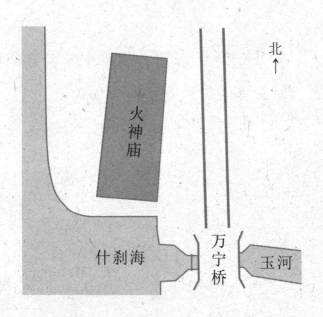

明代火神庙前湖岸复原示意图

该处木桩距火神庙仅数米，应是火神庙前的护岸桩。湖岸的转向可能与火神庙的建设有关，此时的火神庙所在地已垫土为岸，不再是湖泊。

元代万宁石桥可以通船

从这段元代湖岸石壁的高度，可以联想到万宁桥的通航问题。今天万宁桥下的水深约为1米，水面至桥孔券顶的高度约2米，人们由此认为它难以通过古代运输漕粮的船只，进而推测石闸虽是元代所建，但拱方桥可能是明代所建。

但是，通过测量石壁可知，元代万宁桥初建时桥下的总净空高度为6米，即桥下金刚墙高度约为5米，桥拱券的最高点高出两侧金刚墙1米。若当时的湖水深度为3米，那么水面至桥拱券顶面的高度应为3米左右，若水深不及3米，桥下净空还会更大，这样的高度应能通过体形不高的船只。其后由于湖底淤积增高，桥下的净空高度不断减小，遂给人难以通船的感觉。

于是可进一步推测，万宁桥因其地处交通要衝，在元代就已建成石拱券桥，明清两代整修的只是桥的栏板、桥面以及出土的雁翅一层石构件等，桥身仍是元代所建。

火神庙前的石岸出土后，曾有市民向文物部门报告，我也曾向文研所和文物局文物处报告。文物部门得到消息后，立即派人前往工地调查。

万宁桥石镇水兽

石岸正对着火神庙东南墙角

万宁桥旁的元代湖岸

1号竖井工地显示的是与万宁桥澄清闸西北侧金刚墙、雁翅石壁相连的湖岸石壁状况。

而万宁桥澄清闸西侧河道南北两边的金刚墙和雁翅是对称的，知道了北侧，也就能推测出南侧的状况。

当我们把北侧的石岸结构投射到南岸时，就会发现南边的石岸正好对着白米斜街，弧形的白米斜街应该就是元代积水潭的湖岸。

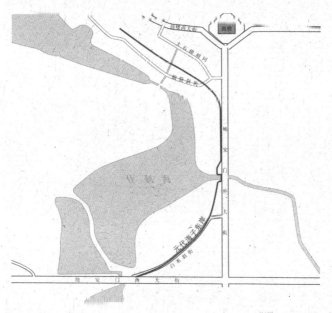

元代积水潭（海子）东岸示意图

海子湖畔火神庙

火神庙前的元代海子东岸遗迹出土后，给我们提出一个疑问：如果元代海子东岸在火神庙东面，那时的火神庙该待在什么地方呢？一般认为火神庙始建于唐代，可唐代这里还是河道，旁边是坟地，怎么可能在此建火神庙？火神庙多建在商业街旁，以便防火，荒郊野外的墓地并不需要火神庙，所以这处火神庙应建于元代。

元人陈旅《安雅堂集》卷十三有《大都海子桥火德庙疏》，此"海子桥火德庙"就应是今天的火神庙，因其位于海子桥附近而有是称。《元史·河渠志》所说"海子岸上接龙王堂"或也指此。文中提到："眷国都之所崇，宜庙貌之有赫，故必曾广旧制。"这座处在中轴线上的火神庙，受到都人的崇拜，需要加以扩建，"结蕊珠于新宫"。这新宫向何处扩建？只能是海子里，遂有"海上之蜃楼横开，桥左之星河斜转"的描写。它是向海子要地，深入水中，宛若海市蜃楼。"桥左之星河斜转"指的是海子桥东的河道，或许火神庙最初位于此地，为扩建而移至海上。陈旅是元中后期人，扩建火神庙，应是延祐六年修筑都水监旁石岸之后的事。而今天的火神庙又是明代进一步扩建的结果。在宫城之北、中轴线上建火神庙，对城市保佑的意义很大，于是受到元、明、清三朝的重视，成为带有礼制特征的庙宇，不断有所扩建。

注释：

1. 岳升阳、苗水：《北京城南的唐代古河道》，《北京社会科学》2008年第3期。
2. 齐心主编：《北京元代史迹图志》，北京燕山出版社，2009年，第304页。

元大都海子南岸的位置和遗迹

问题的提出

《北京历史地图集》中有一幅《元大都》图，如果将其与地形图叠加起来就会发现，二者在海子南岸与什刹海南岸的位置上并不一致，存有较大差别。

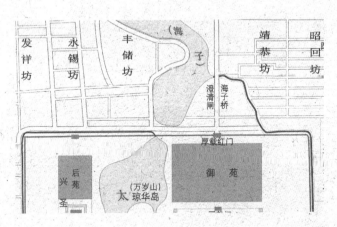

《元大都》图所绘海子南岸（《北京历史地图集》）

图中元代海子南岸比明清什刹海南岸的位置偏南许多，由此又引起元明道路系统位置的偏移，经过海子南岸的道路是萧墙北面东西向交通的主要通道，应该经过东面的澄清中闸，即后来的东不压桥，而由于《元大都》图所绘海子南岸整体向南偏移，经过海子南岸的大道也不得不南移，结果在通惠河岸边成了断头路，与澄清闸之间出现

错位。这样一来，海子南岸、太液池北岸和二者之间的道路格局都发生了变化，主要道路竟然成为断头路，这是违背常理的事情。

元明时期，什刹海与北海之间是否真有这样大的变化？该如何解释这一问题？在文献资料不充分的情况下，需要从地下遗迹的调查入手，寻找线索。

《元大都》图与民国时期道路格局之间的差异

平安大街工程中的蛛丝马迹

1998年4月，在平安大街改造工程中，于北海北面的平安大街道路北部，暗挖地下管道，由前海西街南口至地安门西打了一排顶推暗管的竖井。

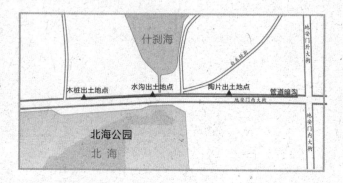

平安大街管道工程位置和遗迹出土地点

从竖井中出土的地层看，北海公园北面地下近8米深处为粉土和粉砂层，颜色呈灰色。其中，在地安门西一座竖井的砂层中，出土了西汉时期带有菱形回纹的灰陶片，应属于古高梁河或高梁河的沉积层。

在前海西街南口东侧有一座竖井，其剖面显示，在地下1米多深的地层中，有一条花岗岩石块砌筑的湖泊驳岸，驳岸为东西向分布，残存两层石块，石块下为木桩，木桩直径在10厘米以下，当为清代湖岸遗迹。

清代石岸遗迹下方，距地表约5米深处，有直径16厘米以上的粗木桩，还有散落的石块，当为元代遗物。下层

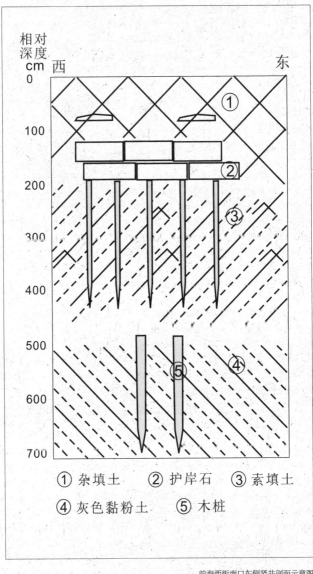

相对深度 cm

西　　　　　　　　　　東

0

100

200

300

400

500

600

700

① 杂填土　　② 护岸石　　③ 素填土

④ 灰色黏粉土　　⑤ 木桩

前海西街南口东侧竖井剖面示意图

木桩所在地层为灰黑色亚黏土，属于湖相沉积地层，木桩和石块应是元代海子南岸遗迹。

前海西街南口东侧竖井中地下5米出土的护岸石块

　　在北海后门与北海幼儿园大门之间的一座竖井中，底部8米以下为灰色粉砂和粉土互层，上面是黄褐色亚黏土和黏土层，再上面是人工填土。在黄褐色亚黏土层中，有一条南北向的沟迹，可惜只露出沟的西岸坡，岸坡旁边有木桩。从沟中遗物看，应是元代遗迹。从此处地层可以看到，这里已没有元代海子的湖相沉积层，可能是海子南面的湖岸地带。

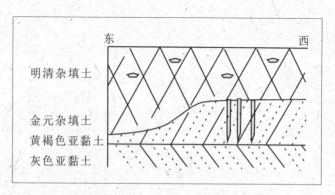

北海北门外管道基坑南壁剖面示意图

当年海子与大内湖泊之间有水道相通，可以为大内太液池供水。平安大街施工时，曾出土西压桥遗迹，有元代石构件出土，考古专家认为，该桥为元代所建。《析津志》："升平桥，在厚载门，通海子水，入大内。"升平桥就是此桥。这条水沟遗迹应是桥下河道。这也暗示元代萧墙或许会由沟上经过，这比《元大都》图推测的位置向北约140米。

重新解释儿段萧墙位置

什刹海南侧出土的疑似元代海子南岸遗迹提示我们，《元大都》图在海子南岸的绘制上可能与实际状况存在偏差，明清什刹海南岸与元代海子南岸相比，在位置上可能没有很大变化，它与清代湖岸基本相同，与今天什刹海南岸相比，向湖中退缩约40米。

为什么会出现偏差？这要从元大都萧墙北墙的绘制依据说起。关于元大都萧墙北墙位置，在1972年元大都考古队发表的《元大都的勘查和发掘》一文中，只有十分简略的叙述："皇城和宫城的范围，也已勘查清楚。皇城……北墙在今地安门南，……皇城俗称阑马墙，墙基宽约三米左右。"它的北墙是否都勘探出来了？我们不知道。

在这篇文章的插图中，海子南岸的位置与明清什刹海没有大变化，只是太液池的北岸向南移动了一点距离，看不出它与明清地貌有多大差别。但当比例尺变大时，上面说的问题就显现出来了。

这里只能根据《元大都》图做些推测。从《元大都》图看，绘制者很可能是依据通惠河位置来确定萧墙北墙位置的。通惠河是元朝为解决通州至大都城内水运而修建的行船河道，它的上游引水于昌平白浮泉水，汇合玉泉等西山泉水后，由和义门（今西直门）北进入大都城内的积水潭（也称海子），再由积水潭东岸的万宁桥流出，进入通惠河，通惠河由万宁桥东行，南转，经过今天地安门东大

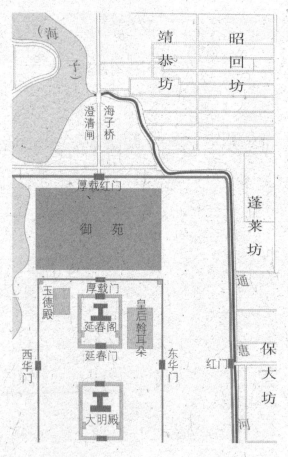

萧墙外侧的通惠河示意图

街北侧的澄清中闸（后代称为东不压桥），至萧墙北墙外转而东行，经澄清下闸后，在萧墙东北角外转而向南，出南城墙，再转而向东，至通州和张家湾。明清时期，这条河道在北京内城的一段，被称为御河或玉河。

由于这一段河道是沿萧墙外侧分布的，所以萧墙东北角外的河道位置就成为确定大都萧墙东北角位置的依据。

按照这一思路，沿通惠河拐角处向西画一条直线，恰巧在西萧墙对应的位置，也有一条水沟遗迹，这条水沟被《元大都》图认定为金水河，它由西单北面的甘石桥向东北，沿今天的斜街至元代萧墙西墙外侧，沿萧墙北行，至千家湾附近转而东行，注入太液池。它成为确定萧墙西北角的依据。

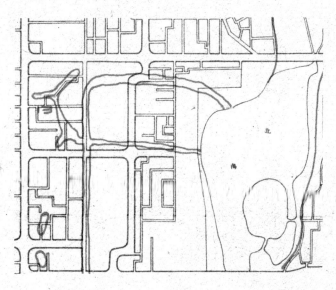

萧墙西北角外的河道示意图

知道了萧墙东北角和西北角，在两者之间画一条直线，就是北萧墙的位置。这样画顺理成章，但它却与北海和什刹海之间的现有道路系统及湖泊位置不相吻合，出现较大的错位。于是，只能在图上将元代海子南岸、太液池北岸及它们之间的道路一并南移，以顺应萧墙的位置。

　　位移的结果是，海子与太液池之间"当两城要冲"的道路，向东行至通惠河时成了断头路。同样，经过澄清中闸的道路向西行至海子岸边时，也成了断头路，这在城市设计上是很不合理的。

　　根据元大都考古结果，明代北京内城的道路基本上继承了元大都的道路系统，为什么这条连接东西两城的重要

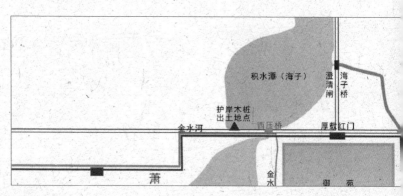

元大都萧墙北墙位置推测图一

道路却没有继承元代道路系统，而要废掉后填湖重筑呢？这也是令人费解的事情。

如何解决《元大都》图与现实地形出入过大的矛盾？我们可以另辟思路，打破萧墙北墙是平直的这一看法，设想北墙是可以有转折的，可以有一段墙向外突出。

如果我们把萧墙北墙看作是中部向北突出的形状，问题就可迎刃而解了。既维持了萧墙东北角位于玉河南侧的既有依据，也保证了什刹海湖泊南岸和道路系统在明代和清代没有大的变化。萧墙也可以在元代偏东偏西侧向北转，这样厚载门位置与《元大都》图相同，也与元大都考古认定的位置相同，只是太液池北面萧墙向北突出，如推测图二。

元大都萧墙北墙位置推测图二

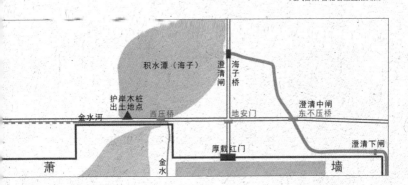

其实，《元大都》图在绘制萧墙南墙时，中段就是向南突出的，它解决了两端大墙与中间宫门不在一条直线上的矛盾。所以，北墙也完全可以采取相同的画法。这样一来，不但解决了问题，还形成了南北大墙对称的格局。

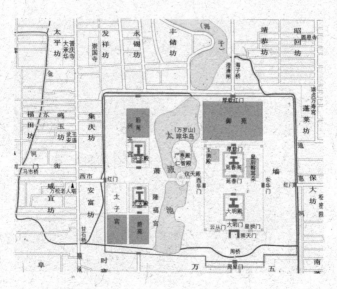

《元大都》图萧墙南墙外突画法（《北京历史地图集》）

当然这只是一个假设，要支持这个假设，需要有物证。物证之一是西压桥。它是元代的升平桥，位于海子南岸与萧墙之间。它的东面是位于玉河上的东不压桥，意为明清皇城墙没有压在桥上。东不压桥在元代为澄清中闸，因建于丙寅年，也称丙寅桥，明代《京师五城坊巷胡同集》记为布粮桥，桥下为通惠河，曾是通州运粮至城内的河道，或因此而有是称。清代称之为东步粮桥（《乾隆京城全图》），步粮桥或写作步梁桥（《日下旧闻考》）。

与之对应的西桥于是有西步粮桥之称。这两座桥可以为我们勾画出当时连接东、西城大道的位置，这条大道经过西压桥和东不压桥，与今天北海后门道路位置相似。

西压桥下的河道连接着海子与大内湖泊，海子水由此引入大内太液池。它应距海子南岸不远，可作为立论的一个支点，但它还不能完全证明元代海子南岸的具体位置，还需要在海子南岸再找一个支点。本文提到的疑似元代湖岸水桩的遗迹，如果属实，则可以作为另一个支点，这样对湖岸位置的推测就可以成立了，这一推论还需要未来考古的进一步证明。

经过海子南岸的金水河

还有一个问题有待考古的证明，这就是金水河。《元史·河渠志》记载："至治三年三月，大都河道提举司言：海子南岸，东西道路，当两城要冲，金水河浸润于其上，海子风浪冲啮于其下，且道狭，不时溃陷泥泞，车马艰于往来，如以石砌之，实永久计也。泰定元年四月，工部应副工物，七月兴工，八月工毕，凡用夫匠二百八十七人。"

这条记载是说，在海子南岸，有一条东西向道路，处于东、西两城之间的要冲位置，十分重要。可是它的路面受到金水河的侵蚀，路基受到海子水的冲刷，道路狭窄、泥泞，时有塌陷，车马难行。于是大都河道提举司建议用石砌筑湖岸，以防湖水冲刷，泰定元年（1324）用工287

人，花了两个月的时间，完成石岸的修筑。

　　"金水河浸润于其上"是什么意思呢？难道金水河比道路还高？原来，金水河是元代专供大内用水的河道，由玉泉山引玉泉水，经和义门南水关入城，转而至大内北垣，由西压桥附近进入大内，供宫廷使用。为了不与其他河道水流混淆，它的河道比其他河道高，在遇到其他河道需要穿过时，就架设跨河渡槽，从其他河道上面穿过。它在萧墙北面的河道与道路平行，并且要从西压桥下的河道上面穿过，河道应高于海子水面，由于水位高，对路面造成侵蚀。

　　"海子风浪冲啮于其下"，是由于受西北风的影响，海子南岸水浪更大，对湖岸造成侵蚀。

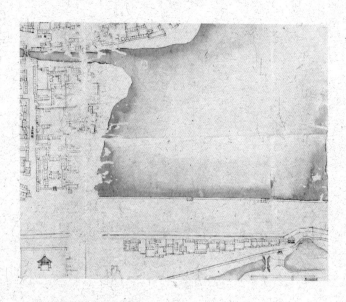

清《乾隆京城全图》中的什刹海南岸

从位置看这条道路就是经过西压桥的道路，也就是今天北海后门外的道路，道路北侧紧邻着海子。这样的格局直到清代依然如此，清《乾隆京城全图》中的什刹海南岸，就是紧邻北海北门外东西向大道的。

金水河应位于这条东西向大道的南侧，紧邻道路。金水河为何要由此经过？今人研究认为，金水河由西向东，经过海子南岸，至今天北海公园东北隅转入大内南门，以北以南的这段河道后世演变为先蚕坛的浴蚕河。《日下旧闻考》："浴蚕河自外垣之北流入。"水自北海东岸向南至琼华岛东，转而向西，利用石桥水槽跨过湖面，引上琼华岛。它还有一条分支渠道，向南流入宫城。明清时期这条水渠由陟山门北流出北海园墙，红西板桥南转，过白石桥，沿景山西墙外南下，过鸳鸯桥，注入筒子河。北海公园东墙外西板桥至筒子河的河道后被埋入地下，数年前北京市文物研究所对西板桥附近的一段河道进行了考古发掘。

金水河来自于大都城西，它若想为太液池以东的宫殿区供水，就需要绕过太液池，北京地势西北高东南低，由萧墙北面进入太液池东面的宫殿区是最合理的路径。

金水河是如何由和义门南的水关引到海子南岸的？今人至少有3种说法：一是《元大都》图的推测，来自于考古调查和文献解读，水从和义门南入城后，向东至大明濠，顺壕沟南下，转至甘石桥东北上，至萧墙西北角转入萧墙，汇入太液池，并不经过海子南岸；二是认为金水河在新街口附近向北转，经什刹海南侧河道至海子西南角，由此进入萧墙，也不经过海子南岸；三是认为金水河经由护国寺旁，径直通到萧墙西北角，沿萧墙北墙外侧向东，经过海子南岸后，向南转入萧墙。

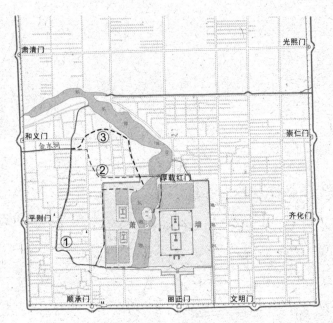

今人对元大都城内金水河道的 3 种推测示意图

第一种说法是今天的权威说法，它以明清时期的大明濠为金水河，可是这条壕沟不但向南通向大内，也向北通向积水潭，它应该是由积水潭向南引水的渠道，它与金水河是什么关系，似乎没有说清楚，而且这一观点没有解决金水河与海子南岸道路之间的关系问题。第二种说法也没有解决这一问题，并且尚未发现可以支持此观点的地层资料。第三种说法还只是推测，缺少对河道具体路线的表述。

当然，我们还可以提出第四种、第五种说法，但意义不大，关键是缺少证据。在没有发现确凿文献证据的情况下，考古是解决疑问的必要途径。要搞清楚金水河这"最后一公里"，还有待于城市考古的进展，通过大地文献寻找答案。

元代大内的历史遗迹

景山何时堆成山

　　景山处在北京城的中轴线上，是明代用兴建皇宫时的渣土堆积而成的。有人说它是镇山，镇在元代皇宫的后宫延春阁旧址上，以镇住元朝的王气，使其不得翻身。有人认为它在元代就已经存在，是元代的万岁山。还有人说它是自然之山，初非人工所为。景山位于古高梁河故道旁，景山地区是否会受到古高梁河的影响，是否会有自然形成的土山？景山的下面究竟有什么秘密，让人们魂牵梦绕，想要一探究竟。

　　20世纪60年代进行元大都考古时，考古队曾对景山公园进行考古调查，发现元代中轴线道路和宫殿区遗迹，但并没有完全消除一些人的疑虑，人们仍希望有新的考古发现。

　　2007年10月，景山公园在景山南门内绮望楼东50米处的景山脚下修建变电站，工地上挖了一个数米宽的基坑，坑虽不大，却给了我们一次管中窥豹的机会。我得到景山公园管理处崔先生的帮助，对工地基坑做了简单调查。

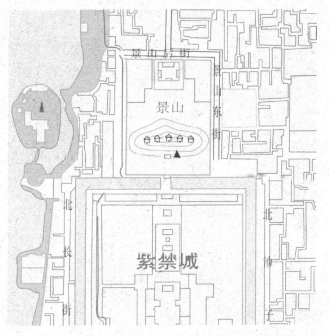

景山剖面位置图（据 1946 年《北平市内外城地图》）

景山南坡脚下的工地基坑

基坑位于景山山坡边缘，宽不及10米，挖深5米。它的下部有一层青灰色的粉砂质黏土层，包含有许多螺壳，应是河滩地中的湖沼沉积。它的上面覆盖着多层灰色、褐色和暗褐色的亚黏土地层，呈现出河漫滩的地貌特征，含有螺壳的地层碳十四测年为距今2515±35年前。由此可知，2000多年前这里应是古高粱河故道旁的一处河漫滩地。

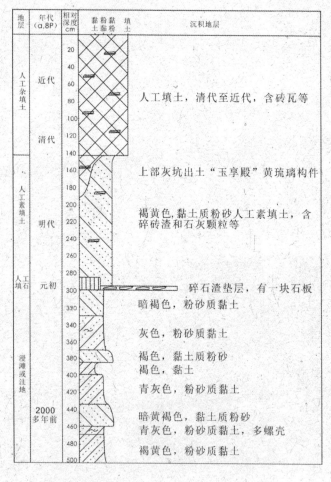

景山公园南门内景山脚下地层剖面

由于坑挖得不深，我们不知道它的下面是否有古高梁河的砂层。

在暗褐色沉积地层的上面，就是人工形成的地层，即通常所说的文化层。文化层的底面有一层薄薄的碎石渣层，是人工将石头砸碎后形成的石渣，铺在地面上，基坑南、西、北三面的坑壁上都能见到这样一层石渣地面。

景山脚下的碎石渣地层和石板

这种用碎石渣铺地的做法在北京地下时有发现，常出现于元代地层中，在国家大剧院金口河故道北岸的道路遗迹中就有碎石渣铺地的现象。近代北京也有用石渣铺的马路，为的是走马车。与之不同的是，元代的石渣发白，薄片多，铺得也薄。

在坑的北壁，石渣地层中，有块大石板，石板厚10多厘米，可能是建筑基础，或者是铺甬道用的石板，材质与金代石椁墓用的石板相似。我们虽然不知道石板的用途，但可以肯定的是，这里有明代以前的文化遗存，它是在景山筑山之前就已经存在的文化遗迹。从地层特征看，此处与周边城市区域的文化地层不同，缺少城市生活的气息，应该是宫殿区域。

石渣层之上是含有碎砖渣和石灰颗粒的土层，文化遗物不多，工程上常称之为人工素填土。在人工素填土的上面，是含有大量砖瓦碎块，包括琉璃瓦碎块的地层，时代为清代以来。

该地层底面有一处向下延伸的坑，深入到素填土地层中，考古上称之为灰坑。灰坑中出土了一块黄琉璃建筑构件，上面刻有"玉享殿"三字。

"玉享殿"琉璃构件

这处工程给我们开启了一个窥探景山地下的小窗口，虽然见不到全貌，出土的东西也不多，却使我们知道，2000多年前这里还是一片有水的河漫滩地，不可能有自然的山或土岗。有大石块的地层可能是金代太宁宫或元代大内的遗迹，后来被人工填土所掩埋。元代在这里没有堆山，元代的万岁山在今天的北海公园琼华岛，不在景山。景山是明代堆筑的，石板上覆盖的素填土层应该是明初堆筑景山时的填土。清代或近代以来，又将维修建筑的渣土堆在景山脚下，形成覆盖在素填土层上的瓦砾层。

景山脚下的建筑渣土层

这里是否在元代宫城之内呢？依据陶宗仪《南村辍耕录》记载，元大都宫城"东西四百八十步，南北六百十五步"，陈梦家先生推测，元尺为30.5832厘米[1]，以每步五尺计算，一步为1.529米。以此计算宫城宽度为734米，长度为940米。如果今故宫内金水河像人们推测的，是崇天门前的河道，那么崇天门就可能在清代太和殿处，由此向北940米是宫城的北墙，位置在景山后坡。此工地位于元代延春阁旧址后部，延春阁似乎没有被完全压在景山下。

为保险起见，我也对元大都宫城规模做了一个简单的计算。由于缺乏文献记载，又没有实物证据，今人对元代尺的长度都是推算出来的。那么我们可否借助明代尺度来推算呢？明洪武元年曾对元故宫城垣进行丈量，记载于《明实录》中。可是《明实录》由于版本不同，记载的数据竟然有异，一个记载是长1026丈，另一个记载是长1206丈[2]，相差了100多丈。而且我们不知道其所用明尺的长度合多少厘米，无法直接计算。好在洪武元年还对北平府南城垣即金中都故城做了测量，城垣长度为5328丈。1959年进行金中都考古调查时，测量城垣长度为18690米，折合明代尺约为0.35米。依此计算1026丈长的元故宫城垣，约长3599米，依据《南村辍耕录》记载的元故宫城垣长度10950尺计算，1尺为32.8厘米，元故宫宽480步，计2400尺，约合788米。长615步，计3075尺，约合1010米，比明宫城宽出35米，长出49米。如果按照1206丈计算，则元皇宫西北角将会进入太液池中，故此处不予采纳。

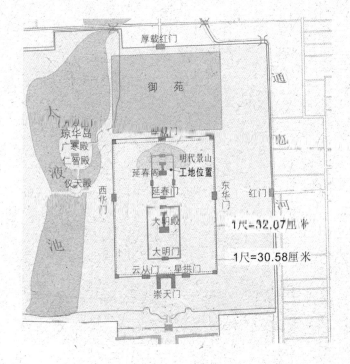

厚载红门

御苑

大
都
山
琼华岛
广寒殿
仁智殿
仪天殿

西红门

延春阁 · 明代景山
工地位置
延春门

西华门

东华门

红门

通
惠
河

1尺=32.07厘米

大明殿

大明门

1尺=30.58厘米

云从门 · 星拱门

崇天门

太
液
池

元大都宫城范围与施工地点关系推测示意图

　　从多种尺度的计算看，元大都宫城与明北京宫城在规
模上差距不是很大，景山工程应在延春阁宫殿区范围内，
景山或许没有完全压住延春阁遗址。

景山工地虽小，却具有考古价值。可惜，北京在2009年才制定出老城区内1万平方米的建筑工程必须进行考古勘探的规定；但即便当时有了这样的规定，只有数十平方米的工地也不会纳入考古程序中来。对于具有考古价值的小型工地该怎么办呢？北京应该制定更加详细的规定，让处于重要区域的小工地也能进入考古勘察的流程。

故宫西部的古高梁河故道遗迹

景山有古高梁河的遗迹，在它南面的故宫地下是否也有呢？几年前，故宫开展考古工作，我向单霁翔院长提出，希望能考察故宫内的古河道。在单院长的帮助下，我有幸前往故宫参观考古工地，得到故宫考古队执行领队徐华烽先生的热情接待。

故宫考古工地展示牌

故宫的考古工作者在故宫西路的武英殿东北，发现元代和明代建筑基础，引起不小轰动。但最引起我兴趣的，不是元明时期的建筑遗址，而是当地的自然沉积地层。

　　在考古工地的探坑中，可以看到与小石碑胡同几乎相同的沉积地层，在砂层中夹有一层灰黑色淤泥层。这层湖沼相的淤泥层在层序、埋深和色彩的细部特征上，都与小石碑胡同古高梁河故道中的沉积层十分相似，具有雪花肉的特征。应该是同一时期在相似埋藏条件下形成的湖沼沉积地层，年代应在距今2000—1800年。

武英殿后面考古时出露的古高梁河沉积地层

明初宫殿基础施工的新工艺

上述现象说明，故宫西路武英殿建筑是建在古高梁河故道中的，由于古代地下水位高，古高梁河沉积地层会比较松软，所以明代在做宫殿建筑基础时，采用了与北京地区通常做法不同的工艺。

元代，北京地区建筑物地基的修建方法有多种，其中之一是在木桩之上横铺厚木板，再在木板上砌筑砖石，例如元代的广源闸就是这样修筑基础的。而此处修建地基的方法是在木桩之上使用多层圆木，规模比元代大得多，下面的木桩也比元代常用的木桩粗，这种有些夸张的做法很明显不是北京本地的传统做法。

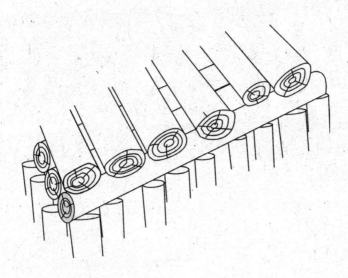

明初故宫宫殿基础地钉（木桩）做法示意图

这样的工艺做法使我想到了明南京，明初南京宫殿是在湖泊旧址上建筑的，很有可能会采用同样的方法来加固宫殿地基，但我没能查找到相关考古报告，于是询问徐华烽先生。他很肯定地告诉我，明南京宫殿和明中都宫殿都使用了这一做法。看来，这样的工艺做法应该是由南方带来的，体现了工匠的智慧。当年，工匠们可能是看到了古高梁河的灰黑色淤泥层，于是把南京的经验拿来，采用南京宫殿的地基处理做法建设北京宫殿。这样的建筑基础加固方法是中国古代匠人的杰作，有着悠久的历史。北宋东京皇宫前面的州桥即采取同样的做法，只是北宋州桥横木用的是经过修整的截面呈方形的长木[3]，明代皇宫用的是圆木。

在明初北京建设宫殿时，距古高梁河结束已有1000多年，地层的承载力和稳定性应较南京的湖泊沉积层为高，此种工艺做法或有过度施工之嫌，给今天的文物保护埋下隐患。今天地下水位下降严重，这么厚的木头堆积层离开地下水的保护，一旦糟朽塌陷，会对上面的文物建筑造成威胁。故宫宜提早研究，寻找对策，防患于未然。这一点绝不是耸人听闻，这些年我在野外调查中已能感受到，随着地下水位持续下降，木桩、水井木垫圈等木制品在地下腐烂的程度在加剧。

元大都宫城位置与湖泊

今天我们知道，北海、中海水域曾是古高梁河故道，故宫西路地层的上述特征提示我们，此地的古高梁河故道可能比我们之前认识的更加宽阔，故宫与中海之间的区域都在古高梁河故道中，在元代这里的地势可能比较低洼，北海、中海的元代东岸应比今天的湖岸更加靠东。

1976年的《北京埋藏河湖沟坑分布略图》中绘出北海、中海的古代东岸，位于现在湖岸的东边，元代湖岸可能还要更靠东一些。

在推测元大都宫城和中轴线位置时，应考虑地形的限制。不要用今天北海、中海湖岸位置作为分析元代宫城位置的依据，而应以元代岸线为依据进行分析。例如，当我们分析中轴线时，如果元代中轴线在断虹桥，将比明清中轴线向西偏约154米，以此为中心计算，从上文计算出的两种尺度的宫城看，西城墙都会伸入到北海水域之中。如果以更西边的武英殿为中轴线，则宫城还要再偏西些，会有更多的宫城面积进入湖水之中。古地貌没有给今人留下多少尽情想象的空间，中轴线西移会与地貌冲突，并不可取。

故宫西路发现元代夯土层，又有元代石桥断虹桥，是否可以证明元代中轴线在此呢？当然不能。断虹桥应是元皇宫崇天门右掖门云从门前的石桥，《析津志》记载："拱辰桥在右掖门。"右掖门就是云从门，拱辰桥是今天的断虹桥。由于是在掖门前，所以只是一座小

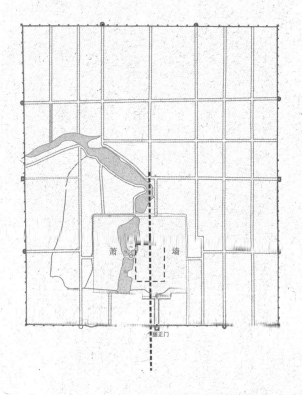

萧　　墙

頭正门

以断虹桥为中轴线的元大都宫城位置示意图

桥，而崇天门前的周桥是一座大桥，《析津志》："直
崇天门有白玉石桥三虹，上分三道，中为御道，镌百
花蟠龙。""三虹"就是三孔，它是一座宽阔的三孔石
桥，除了桥两边的石栏杆外，桥面上又增设两道石栏
杆，将桥面分成三路，中间为御道，两边为官员和其他
人行走，其形制宛若明清正阳门外的正阳桥。它的形制
源于北宋东京的州桥，北宋东京州桥即为三孔桥，桥宽
30米，上分三条道[4]，是一座三孔三道的桥。金中都、元

大都和明清北京城都在中轴线上建有这一形制的桥，只是其桥洞形制不同，北宋可能是横梁式，元代或为拱券式。

皇宫前面的这座桥何以称周桥？《析津志》："周桥，义或本于《诗》，造舟为梁，故曰周桥。"这一来自儒家经典的解释，是对北宋州桥名称的升华，使它更具有礼制的意义。元大都周桥的本名叫万安桥，《析津志》："万安桥，在午门外，古今号为国桥。"午门就是崇天门，因在皇宫正门前，担负着礼仪的功能，所以被称作"国桥"。周桥的设置仿自北宋东京城和金中都城，它和龙津桥一起，是那个时代皇宫前中轴线上的标配，具有礼制的意义。

断虹桥下的内金水河是元代宫城前面的河道，本在宫城正门崇天门前，明代宫城南移，它成了宫城大门内的内金水河，改由北面的筒子河输水。《日下旧闻考》描述明清金水河称："金水桥之水由神武门西地沟引护城河水流入，沿西一带经武英殿前，至太和门前，是为内金水河，复流经文渊阁前，至三座门从銮驾库巽方出紫禁城。"明代在皇城正门承天门外，另建外金水河，即今天安门前的金水河，其水源来自于中南海。

明代，断虹桥因位于中路宫殿与西路宫殿之间的空当处，被保留下来，没有拆除。也有人提出，断虹桥是迁建来的，从河道看，桥身可能是位于原地，并未迁建，究竟如何，还有待于进一步的考古调查。

还需提到的是，许多年前在文华殿前挖管道沟时，也出土过金末元初的沟纹砖等遗物，如果在那里做些考古工作，可能也会找到元代遗址，元代的遗址不会只在故宫西部。故宫考古才刚刚开始，今后还会有更多的发现，会逐渐揭开元代宫殿神秘的面纱。

故宫西路的断虹桥

崇天门前的金水河

元代崇天门前的河道来自于今西单北面的甘石桥,桥下的河道是《元大都》图中绘制的金口河,河道在甘石桥东分为两支,一支是前面说到的向北通至萧墙西北角的金水河,另一支向东,经今天的灵境胡同,流入大内萧墙,经隆福宫前,过太液池,东流过崇天门前。

为了解这条东行的河道,我们考察了位于灵境胡同的故道。2006年2月,灵境胡同路北43号院施工,我们借此

灵境胡同元代河道中的粉砂层

灵境胡同元代河道中的粉砂层

进行了简要调查。在工地基坑坑壁上，可以看到元代河道的沉积地层，河道为由西向东走向，河道地层出露厚度1.6米，呈灰色和灰绿色，为砂质粉土，夹有浅色的粉砂层，以及粉砂透镜体。河道地层中含有元代白瓷、钧瓷、龙泉瓷残片，以及陶片。河道沉积层上面是3米厚的杂填土。受工程限制，河道剖面没有完全挖出来，但已明确显示出河道特征。这条河道在1976年的《北京城区全新世埋藏河湖沟坑分布图》中已经标注出来，是元大都中的一条重要河渠。灵境胡同河道向东，在明皇城西南角处进入皇城，这里也是元代大内的西南角，多年前曾出土皇城水关，水关内有一排铁柱栅栏。有关部门曾想在此修筑地下展示设施，后因缺乏必要空间，暂时没有实现。

曾有研究者怀疑这条河道的存在，以为元代没有必要在此修引水河道。灵境胡同出土的河道遗址表明，该河道确实存在，《北京城区全新世埋藏河湖沟坑分布图》所绘是正确的。

　　这条河道的上游是赵登禹路下的壕沟，壕沟北接积水潭，南至佟麟阁路，清中叶西直门内大街以北的河道消失，街南的河道仍以明濠的形式存在，民国年间用拆皇城的城砖将其改为暗沟。它是自然河道还是人工河道，是形成于金代或金代以前，还是形成于元代，研究者意见不一。对于它的名称认识也不一致，有的人认为它是"西河"，有的认为它是"高梁河西河"，还有的认为是其他河道。

　　从实地调查看，它不是自然河道，而是人工渠道，它的沉积层底部所含遗物为元代，应是一条元代利用道沟开发的河道。它是何时为何目的而建的？《析津志》的一条记载透露出信息："泄水渠，初立都城，先凿泄水渠七所。一在中心阁后，一在普庆寺西……"普庆寺西的渠道就是赵登禹路下的渠道。普庆寺在今新街口南大街路西，是元代在大都地区最早建立的皇家原庙，规模宏大。它的西侧就是这条渠道，我们可暂且称之为普庆寺西渠。渠道利用了金中都崇智门外大道的道沟，这条大道也是古代蓟城北门外的大道，到元代已有上千年的历史。俗话说，千年大道走成河，大道历经千年走成了深深的道沟。

　　这条道沟何时被改造成河道的呢？有两种可能，一是

新街口地铁站出土的元普庆寺西沟遗迹

金代，为了补偿金口河或闸河水源，而开凿此河，将高梁河与金口河连接起来。到元代，将这沟圈入城内，不再与南城道路相通，于是改为泄水渠，后来成为向太液池和宫殿前金水河供水的渠道。

注释：

1. 陈梦家：《亩制与里制》，载《中国古代度量衡论文集》，中州古籍出版社，1990年，第241页。
2. 赵其昌主编：《明实录北京史料（一）》，北京古籍出版社，1995年，第7页。
3. 刘春迎：《北宋东京城研究》，科学出版社，2004年，第60页。
4. 刘春迎：《北宋东京城研究》，科学出版社，2004年，第55—60页。

元大都
城南
古河道

元大都南护城河

　　元大都南护城河穿过中轴线，是中轴线上的重要河道，但是我们没有机会在中轴线上观察它的容貌，于是在临近地方寻找它的行踪。1996年9月，西长安街南侧的金融大厦开工，为我们提供了一次观察元大都南护城河的机会。工地在西长安街南侧约50米处，护城河遗址位于工地中部，东西向穿过工地。

　　由于调查得晚了，没有能看到剖面全貌，只看到河道下部南北约30米宽的黑色河泥层。黑色地层厚度不小于1.5米，底部距地表估计有6.5米。其底部为元代沉积层，中上部为明代和清代沉积、堆积层。河道北侧有元代夯土，或为建筑遗址。

　　河道下面的地层中还出土了一座辽代砖墓，墓已被工人挖开，出土有大安六年十二缘铭文的方砖，形制与当时在首都博物馆展览的辽代铭文方砖一致。同时出土的，还有一面直径14厘米的铜镜以及宋崇宁重宝铜钱。我报告了

北京图书大厦路南施工工地中的南护城河剖面

市文物局文物处，后由西城区文管所取回。此次调查没有

能看到元代南护城河的完整剖面，不免有些遗憾。

　　1998年9月，又有了一次考察元大都南护城河的机

会，当时在西单北京图书大厦马路对面，西长安街南侧有

工地开工，即今天的国家电网公司所在大楼。在工程基坑

东壁，可以看到近乎完整的元大都南护城河遗迹剖面。河

道为东西走向，河道剖面呈透镜体，南北两侧岸坡的根

部有护岸木桩，两岸木桩之间的距离，即河底宽度约50

米。河底距今地表的深度约为8米，河道顶面宽度在60米

以上。河底北侧木桩为两排，两排木桩间距1.7米。其中，

元大都南护城河中的小瓷片

靠河心的一排木桩，比较稀疏，木桩之间东西向间距为2米。靠河岸的一排木桩，较为密集，东西间距约30厘米，木桩直径为13—14厘米，长度不详。河道南侧木桩只有一排，间距不详。河底淤泥中有元代瓷片。

河道北侧岸坡上铺有一层元代碎砖，夹有白灰碎块，厚约50厘米，它或为护坡之用，或为填埋河道所为。河道里填埋有4米厚的素填土，它是明代永乐年间扩建北京城，拆除大都南城垣时，利用城垣土填埋护城河的结果。护城河填土之上，是4米厚的城市堆积层。中轴线附近的护城河遗迹形态或与此相似。

除了元代护城河遗迹之外，在工地基坑北壁上，还有一条洪水遗迹，遗迹剖面呈透镜体，位于长安街东侧，由西向东走向。遗迹被元代护城河打破，说明它早于元代。遗迹中有唐代白瓷片，以及陶片、沙、小砾石、土块等，沉积物分选不好，应是大水洪流所致，年代在唐代后期或五代时期，与上游二七剧场路出土的唐代河道时间相仿。从位置上看，它们应是同一时期的同一条河道。河道来自于西面的三里河，东端应与高粱河相接。

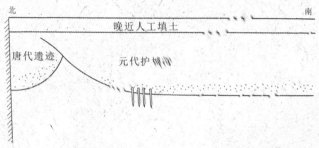

唐代洪水遗迹与元代护城河示意图

丽正门外的金口河故道

金口河的历史

　　金口河是金世宗（1161—1189年在位）时，为解决中都漕运水源而修建的一个大型水利工程。它西起石景山附近永定河东北岸的金口，东经老山北、玉渊潭，在白云路西转而向南与金中都北护城河相接，再由北护城河向东，直抵通州。

　　它的下游河段后来称为闸河，闸河的一段在元代为通惠河所利用，今天东便门外至通州的通惠河段就是在金代闸河基础上修建的，成为今天北京大运河文化带的重要组成部分。

金口河示意图

金口河于大定十二年（1172）正式开工，并于当年建成通水。大定二十七年（1187）因担心永定河泛滥危及金中都城，将河口堵塞。在金代，金口河使用了15年，元朝初年和元朝末年又使用过两次，明清时期它的部分故道中仍有小型河道。

金口河与大都城

金口河与元大都建设有密切关系，金口河上的桥与大都中轴线也有密切关系。《马可波罗行纪》载："大汗曾闻星者言，此城将来必背国谋叛，因是于旧城之旁，建筑此汗八里城，中间仅隔一水。"[1] 旧城是中都城，汗八里城是大都。忽必烈听星象家言，旧中都城可能有谋反者，于是在旧城旁建大都城，两城之间仅一河之隔。这条河就是金口河。

元大都城南门丽正门外有三座桥，其中两座在金口河上。《析津志》记载元末脱脱开金口新河时，提到丽正门第二桥："将此水挑至大都南五门前第二桥，东南至董村、高丽庄、李二寺运粮河口。"可知第二桥在金口河上。《析津志》又说："丽正门南第一桥、第二桥、第三桥，此水是金口铜闸水，今涸矣。"金口铜闸水就是金口河。按表述习惯，这里指的是第三桥，其应在金口河上，当时河道已干涸。但它们是东西排列的，还是南北排列的，没有说。由于第三桥南有"独树将军"决定着大内方向，所以第三桥应该在中轴线上，它和第二桥是南北排列的关系。

那么第一桥呢？《析津志》称"龙津桥在丽正门外，俗称第一桥"。龙津桥和周桥都曾是都城中轴线上的标配，宋金都城将其建在皇城正门之外，大城正门之内。可是，元大都的皇城紧邻大城南门，放了周桥就没有空间放龙津桥了，于是把它放在丽正门外。它是中轴线上体现礼制的桥，自然是第一桥。它应是丽正门前护城河上的桥。明初《顺天府志》记载丽正门外有三座桥，说明这三座桥应该包括护城河上的桥。所以，第一桥是丽正门外护城河桥，第二桥、第三桥是金口河上的桥，三座桥南北排列。

金口河是一条东西向的河，怎么会同时穿过两座南北排列的桥？可以推测它在丽正门前有分汊，分别流经第二桥和第三桥下。第二桥下是主流，向东去的一段被元代通惠河所利用。第三桥下是汊河，所以后来干涸了。这个分汊有可能在金代就已经存在了，它与今天十里河附近的运粮河相接，至通州汇入潞河。脱脱修金口新河，此时第三桥下的河道已经干涸，遂改由第二桥南下，与运粮河相接。真实情况如何，我们还无法知道，只能做此推测。

《都水监厅事记》载："至治二年七月，石丽正门南之第一，又南第二桥，以壮郊祀御道。"可知至治二年（1322）已将此二桥由木桥改建为石桥，第三桥未见改动；这三座桥上的道路是皇帝去南郊祭天的御道。

目前还不能确定丽正门外三座桥的具体位置，但二桥

金口河与丽正门外三桥

和三桥与金口河的关系是明确的。2001年，我们利用大剧院建设的机会，对这里的金口河故道进行了调查。

大剧院的金口河故道

国家大剧院椭圆形基坑的土方工程由两家公司承担，每家负责半边。开始挖掘时，遇到的是明清时期的城市堆积地层，一切顺利。再往下挖，就遇到了金口河故道的积水地层。负责工地北半部土方挖掘的公司很顺利地施工作业，没有遇到问题。负责工地南半部的公司却遇到了金口河故道，当年人民大会堂工程遇到的冒水问题再次出现，施工现场形成了水塘，挖掘机陷在泥里，人们只好找来建筑渣土铺垫。

好在同人民大会堂工程相比，此时的地下水位已经下降很多，遇到的地下冒水，只是金口河故道中残存的一点积水，折腾几天也就干涸了。

大剧院的金口河故道位于原东绒线胡同南侧，东绒线胡同道路下面是它的北侧堤岸遗址。

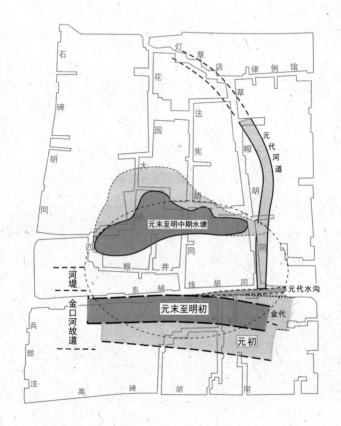

国家大剧院工地古河道分布示意图

国家大剧院的金口河故道是一条东西向的河道，河床由金、元、明不同时期的河流沉积层构成，明永乐年间将北京城向南扩展时，并没有将这一段金口河河道填埋，而是对河道进行了疏浚，河道作为城内水沟又使用了五六十年，到孝宗弘治年间才最后淤平。金口河河床的总宽度超过100米。其中金元时期的河道最宽，在元大都时期一条百米宽的河床，由大都的南城（原金中都城）和北城之间穿过，平时水量或许不大，只是一条小溪，但若发起大水来，也会浊浪排空，像一条大河。《马可波罗游记》译本中把它说成是一条大江[2]，这样的比喻并不为过。

金口河最底层砂层距今地表有9米多，河道中的沉积层有3—4米厚，包括了从金代到明代的不同时期。

国家大剧院工地金口河故道砂层

金口河跨越了金、元、明3个朝代，该如何分辨地层的时代呢？我们采用了两种办法，一种办法是测年，对元朝末年的金口新河砂层做了光释光测年，对元末明初的河岸木桩做了碳十四测年。

另一种办法是借助考古学中的地层学和类型学方法，也就是通过分析河道沉积地层中包含的文化遗物来推测河道沉积层的年代，尤其是有瓷片的地层，用这种方法可谓立竿见影，有时比碳十四测年还准确。通过测年与考古类型学方法的结合，可以大致掌握不同时期河流沉积层的年代。

　　金口河故道最底层的砂层没有来得及做光释光测年，但庆幸的是，砂层中出土了金代瓷片，其中一个典型的瓷片是一只酱釉小碗的底足，它扣卧在砂层之中，周围是砂体的自然纹理，没有后代扰动的痕迹，说明它应是当时埋入砂层的，这为我们确定砂层年代提供了依据。而砂层中又主要为金代遗物，没有晚于金代的遗物，说明它是金代形成的地层。

金代金口河砂层中的小碗残片

元代金口河

　　元朝初年，元世祖忽必烈定都燕京，筹建大都。为解决燕京水源不足的问题，在郭守敬主持下于至元三年（1266）重开金口河，大德二年（1298）永定河发大水，金口被重新封闭。元代金口河使用了33年。

元代金口河地层中的元代瓷片

金口河泛滥遗迹

　　至元九年（1272），大都连续两日大雨，金口河泛滥，黄浪如屋，冲至城脚，危及都城。在大剧院就见到一处决口遗迹，有可能是此次洪水所致。这是一处位于河道北侧的小型决口扇，水流在河底北侧冲出凹槽，下切至古高梁河的砂层中，凹槽一直延伸至河道之外，凹槽处填充有大量砖头。这处决口的北面是大都的南护城河和城墙，人们一定费了很大功夫，用砖石和土把它封堵住了。

元代金口河决口遗迹

元末金口新河

元末为解决大都漕运问题，在金口河河口被封堵41年后，再次挑挖金口河，引浑河水至通州运粮河口，这就是金口新河。《元一统志》载，至正二年（1342），"著将金口旧河深开挑，合聚水处做泺子，准备阙水使用。挑至旧城，又做两座闸，将此水挑至大都南五门前第二桥，东南至董村、高丽庄、李二寺运粮河口"。丞相脱脱亲自指挥，当年十月完工。金口新河上游和金代的金口河路径基本相同，由石景山经玉渊潭至人民大会堂。下游河道走的是早期金口河通往运粮河的支流河道，这段河道原来流经元大都丽正门外第三桥，但此时第三桥下的河道已经干涸废弃，于是改由第二桥向南，与三里河运粮河故道相接，东南至高丽庄、李二寺，汇入大运河。可能是事先计划不周，刚一开闸放水就场面失控，大水冲毁房屋、坟墓，威胁到城池，河床壅塞无法行舟。史籍描述当时的场面："水至所挑河道，波涨潺汹，冲崩堤岸，居民彷徨，官为失措，漫注支岸，卒不可遏，势如建瓴，河道浮土壅塞，深浅停滩不一，难于舟楫。" 近城之地更是"大废民居房舍、酒肆、茶房，若台榭墟墓"，只好堵塞金口，放弃引水。为此，还有官员被问责，丢了性命。

元末金口新河故道中的元代红绿彩高脚杯残片

我们在金口河故道南侧见到一层黄色砂层就是金口新河的遗迹，受工程影响，砂层露出宽度约40米，实际宽度不详，光释光测年为距今（2001）680年。

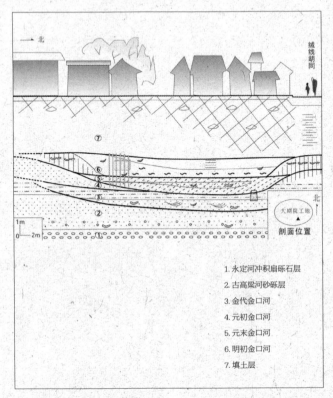

1. 永定河冲积扇砾石层
2. 古高梁河砂砾层
3. 金代金口河
4. 元初金口河
5. 元末金口河
6. 明初金口河
7. 填土层

国家大剧院金口河剖面示意图

在此之前，我们在前门外的三里河调查时，也发现了金口新河砂层，滚滚黄砂中裹挟着各种杂物，甚至还有一个硕大的石碾盘歪斜在地层中，可以想见，金口新河水势之猛，史籍记载并非虚言。

上述记载称金口新河在丽正门前第二桥转向东南，关于这段东南走向的河道位置，研究者们有两种不同的推测，一是认为金口新河在丽正门前即转向东南[3]，经东城区的三里河与运粮河相接；二是推测金口新河向东，经崇文门前转向东南。2000年，北京进行"两广路"即广安门至广渠门大街的改造工程，我们对沿线河流故道进行了考察，在珠市口以东的"两广路"下，只在东三里河的南桥湾胡同下，发现有元代及元代以前的河道，其他地段未发现符合金口新河规模的元代河道，说明金口新河只能从这里经过。明代正统年间在这条河道的基础上，修建了三里河，作为前门附近护城河的泄水河道。《明宪宗实录》成化七年（1471）十月丙戌条记载："若城南三里河，旧无河源，正统间，修城濠恐雨多水溢，乃穿正阳桥东南

洼下地，开濠口以泄之，始有三里河名。"我们在调查中看到，这条明代河道正好位于元代河道的上面，说明明代三里河是在元代金口新河的基础上修建的。所谓"旧无河源"，其实是明代城墙南扩后将河源截断所至。

三里河南桥湾古河道遗迹

　　说到三里河我们就会想到在北京城的西边还有一个地名叫三里河，当地也曾有一条小河。它们为什么都叫三里河，难道它们曾是同一条河？我们曾对西边的三里河进行过调查，在小河遗迹的下面发现金代的金口河故道。

　　原来，东西两条三里河都与金口河有关，它就是同一条河，后来修筑北京城把它拦腰截断了。问题又来了，如果它们本是同一条三里河，又为何称三里河，这三里由何处算起呢？三里河是俗称，可能来自于距城门的距离。但

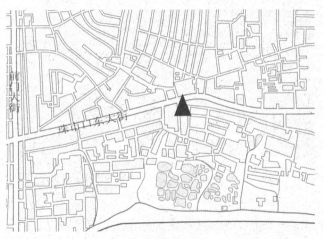

南桥湾金口新河剖面位置（据 1946 年《北平市内外城地图》）

它是根据元大都城门的距离，还是根据明北京城门的距离计算的，抑或是根据金中都城门的距离计算的，我们不得而知。

东三里河河道有可能在元大都建设之前就已经存在了，它利用的是高粱河故道，将金口河水引向运粮河，丽正门外第三桥应该就建在这条河上。这座桥有可能是在建设元大都时才建起来的，因为要有道路通往南面的坛庙。但"独树将军"应该在元大都兴建之前就已经存在，并成为定大内方向的标志。后人在叙述此事时，把它和丽正门外第三桥结合起来说，以便于理解其位置。

金口新河砂层后来在国家大剧院西面的西绒线胡同西口附近工地也遇到了，当时工地挖到砂层后，工地领导很紧张，如果砂层太厚，现有的基坑护桩就可能承受不了，易造成塌方事故，而如果重新加固护桩，成本又会上升。两难之下，工地领导请孙宏伟工程师约我去给总工、经理们讲解此处砂层。我对这处砂层有所了解，此前曾考察过附近工地。我告诉他们此处砂层不厚，问题不大。

顺便说一下，这里说到萧太后运粮河，也是一个谜。它形成于何时，最初是自然河道还是人工河道，至今没有令人满意的结论。萧太后运粮河在元代称运粮河，冠以萧太后，有可能是后人所为，后人也称金中都护城河为萧太后护城河，辽代萧太后在民间名声大，人们会把不同时期的河道冠以萧太后之名。萧太后河应该有上游水源，如果它的形成早于金代，有可能来自于高梁河，如果是金元时期，则有可能来自于不同时期的金口河。

2018年4月，通州的萧太后运粮河进行整治，河道被挖开，出土了不同时期的河流沉积地层。我当时去环球影城谈工作事宜，在影城筹备组工作人员帮助下，去萧太后河工地看了看。在那里看到不同时期的河道沉积层，其中灰黑色的明、清沉积层里夹杂有明、清时期的青花瓷片，元代沉积层里夹杂有许多元代的陶瓷碎片，而元代沉积层之下还有河流相沉积层，只是没有见到文化遗物，由于时间有限，未来得及采集测年样品，无法判断其年代。我提出再来考察一次，影城工作人员答应了，我于是联系了市文研所的科技考古人员，准备一起去考察，可后来影城工作人员因故未能联系施工方，此事就放下了。

明代金口河故道

　　明朝永乐皇帝定都北京，将原来的北平城向南扩展。元大都和明初北平城的南墙在今长安街一线，这时向南推进800多米，移至前三门一线，金口河和金口新河的一段故道被圈入城内。

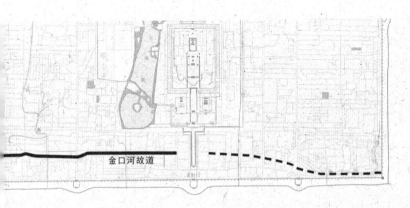

明初金口河故道被圈入城内

被圈入城内的金口河故道没有立即消亡，它作为城内的一条水沟，一直存在至明弘治年间。只不过它已是一条臭水沟，逐渐被垃圾所填埋。

金口河故道中的遗物

怎么知道金口河消亡的时间呢？原来在故道的淤泥里有许多青花瓷片，这些青花瓷片有着比较明确的时代特征，几乎每一朝都有差异，它们沉入淤泥，就把淤泥的大致年代勾勒出来了。

当我们用文化遗物推测地层年代时，要用地层中年代最晚的遗物，这样的遗物最接近地层形成的年代。当然也要证明遗物是当时埋入地层，而不是后代混入的。

要做好城市遗址的调查，就需要对地层中的埋藏遗物有较多了解。对于北京城的地层来说，辨别唐以前的地层时，要对陶片的时代特征有较多了解；辨别唐以后的地层时，要对瓷片有较深入的了解。

瓷片的时代特征十分明显，有时很小的一块碎片甚至碎渣就能告诉我们它的年代，即它处于哪位皇帝统治的时段，甚至是哪位皇帝的早期或晚期。中国瓷器有明确的发展路径，它的用料、工艺、造型、图案等都会随着时代、产地而变化。尤其是青花瓷，其随时代变化的特点更加明显，是我们判别地层年代的好工具。

但有时也会遇到难以确定具体年代的瓷片，这就要请教专家，让专家帮助确定年代。为确定国家大剧院的一些明代瓷片年代，我就曾请教北京大学的秦大树老师，秦老师又引见了景德镇陶瓷研究所所长刘新园先生，因为北京的青花瓷主要来自于景德镇。刘先生对明朝早期青花瓷的断代有独到见解，为我们确定关键时段的瓷片年代提供了依据。

此外我也趁着万寿寺召开古窑址研讨会的机会，拿着不易定年的瓷片请教专家，包括耿宝昌先生、陈华莎女士，以及北京市文物局的专家、景德镇的专家等。为何要反复请教？原来，对个别特定时段的青花瓷，专家们在断代上也不一致，这是因为有的时段缺少可以确定年代的证据，墓葬中没有见到，窑址中也找不到依据，只是根据经验来判定，自然会有较大出入。

当人们遇到不易定年的瓷器时，往往不约而同地将目光投向瓷器的使用地，希望在使用地的地层中找到年代证据。北京是元明清时期全国瓷器最大的使用地，地下埋藏有上万吨瓷片，是进行这项研究的理想地点。我曾想在国家大剧院工地就此做些探索，但受条件限制，没能做起来。这项工作需要有细致的考古来完成，我们只是跟随工程调查河道，很难遇到适合这一研究的理想剖面，而且也没有经费做这项工作。

照片上的这些瓷片已经接近黑泥层的顶部，再往上就是褐色的填土了。这样的景象应该照下来，以便作为日后研究的证据。

明代金口河故道的沉积层主要是黑色淤泥层，多是静水状态下的沉积层，与金元时期的不同。明代沉积层的底部夹有明初瓷片，顶部是弘治年间的瓷片，上面的填土中是正德年间的瓷片。这些瓷片对地层年代的表达，应当是比较准确的。

金口河淤泥层顶部的青花瓷片

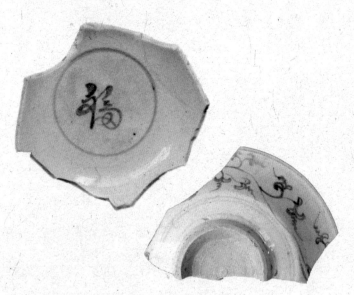

金口河故道明代沉积层下部的明青花瓷片

大剧院金口河故道明代淤泥层上部青花瓷片

棕制品

棕鞋、棕蓑衣、棕绳残体是北京老城中明早期地层里的常见之物，它们是用棕榈树的皮做成的，几十年前南方还在普遍使用。金口河故道中出土的这些棕制遗物，应是南方工匠带来的，河道的淤泥将它们保存下来，没有完全腐烂。

棕绳在北京城地下也不少见，东方广场元明之际的水井中就出土有棕绳，棕绳拴在瓷罐的口沿上，用来在井中汲水。棕绳不易腐烂，古人常用它做井绳。

金口河故道中的残破棕鞋，应该有600多年的历史了

木桩和琉璃瓦碴土护岸

金口河故道的南侧堤岸上，遗迹最为丰富。沿着南岸有一条5米宽的木桩带，东西向横贯国家大剧院工地，它是用来加固河岸的。木桩带中钉有多排木桩，木桩直径在16厘米以上，长约3.2米，碳十四测年为1340±70年（DY-D1030），属元末明初之物。虽然木头的年代是元末，但做成木桩钉入河中，则可能在元末，也可能在

明初。有的木桩横截面不是通常的圆形，而是方形，似乎是把房屋上的枋木拿来做桩了。有的木桩之间还有木板，不知作何用处。在木桩处淤泥层的下部，出土有明前期青花牡丹纹筒炉残片、折腰白釉盘残片等。这些木桩究竟是元末金口新河的遗迹，还是明初建北京城时加固金口河的遗迹，还可进一步研究。

大剧院工地挖出的金口河木桩残段

　　在国家大剧院中部一段金口河堤岸处，堆积了大量琉璃窑废弃物，主要为琉璃瓦残片，以及部分带有火烧土的砖。琉璃瓦中有一部分有黄釉，一部分为素胎，瓦当、滴水为龙纹，还有一只小型黄绿釉琉璃斗拱构件。这些琉璃瓦渣土有可能是从琉璃厂运来，用以加固堤岸，或填埋河道的，应该是明朝的遗物。

金口河故道岸坡处堆积了许多琉璃瓦的渣土

由故道到街道

金口河故道在明代中叶最终消失，正德年间已成为街巷。明朝后期在金口河故道上方出现了砖砌下水道，那里已经是道路和房屋了。这是国家大剧院地区的情形，它不在中轴线上，河道消失较晚，如果是在中轴线上，则永乐年间扩建北京城时就已经消失了，成为千步廊前的广场和大明门内外一带区域。

清代，金口河故道上早已见不到河道遗迹，而是胡同道路和建筑。东绒线胡同位于金口河故道遗址的北侧，高碑胡同位于其南侧。这里有很厚的明清时期的城市堆积层，埋藏有十分规整的建筑基础，如果考古的话，或许能挖出完整的院落。

东绒线胡同地下的古代建筑基础

注释：

1. 冯承钧译：《马可波罗行纪》，上海书店出版社，1999 年，第 208 页。

2. 陈开俊等合译：《马可波罗游记》，福建科学出版社，1982 年，第 95—96 页。

3. 国家科委研究室编：《埋在北京地下的旧河道是什么样子》，《科学研究试验动态》第
   737 号，1966 年 2 月 21 日。

正阳门南面的古河道

内城南护城河

明代嘉靖年间，扩建外城，内城中轴线向南延伸，贯穿整个外城。今外城中轴线地下，也有多条河渠遗迹，横穿中轴线。一条是内城南护城河，一条是珠市口南侧古河道，一条位于天桥，是天桥下的河道。在天桥以南，御路两边还有清代形成的河塘。

正阳门南面为北京外城，有明初扩建北京南城垣时修建的南护城河，它在正阳门箭楼前形成一个河湾，河湾上有宽阔的正阳桥，正阳桥虽为一座桥，却用石栏杆分为三路，宛如三座桥。中间是供皇帝使用的御路，两边供行人使用，以符合礼制。桥的四角雁翅上各有一只镇水石兽，20世纪90年代曾出土东南角的石兽。正阳桥有可能位于元代丽正门外第三桥的位置，这有待考古证明。

正阳桥仿照的是元大都丽正门外的龙津桥，元大都龙津桥则是对北宋东京龙津桥和金中都龙津桥的继承，

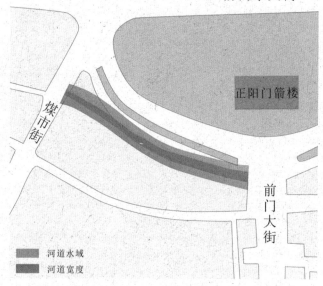

前门东大街

正阳门箭楼

煤市街

前门大街

河道水域
河道宽度

前门护城河在今天城市地下位置推测图

是中国近古时期都城中轴线上带有礼制意义的重要桥梁，虽然明代改称正阳桥，但仍是都城中轴线的标配，具有很高的历史文化价值。

明嘉靖年间修建外城后，这条护城河成为内城南护城河。1965年修建地铁时，南护城河改为暗沟，今天只留下东河沿、西河沿、后河沿、南河沿、北河沿的地名。我们没有机会对这条河道进行调查，只在宣武门东的工地见到护城河的沉积地层。那是护城河的黑色沉积层，在明代黑色泥层中，露出了一具少年的遗骸，遗骸后背处有一块大城砖，似乎是被缚上城砖沉入河底。那是怎样一个悲惨的故事，我们已不得而知。清代，前门护城河成为闹市边一处可以观河柳、寄乡愁的地方，留下不少诗句。到了民国年间，一度成为游乐观光场所。希望有一天，能将正阳门箭楼前面的护城河恢复出来，以展现北京城中轴线的历史风貌。

珠市口古河道

珠市口南面的古河道人们知之甚少，它应是一条天然河道，对明清中轴线没有影响。1998年修建"两广路"即广安门至广渠门之间的大街时，曾在万明路北口的燃气管道工地，出土一条由西北向东南的河道，应穿过珠市口以南的中轴线。河道下部为砂层，有层理，砂层中发现木头，经碳十四测年为415±170年（DY-D1029），约为北朝时期。砂层之上为灰黑色地层，应是河道后期的沉积地层。在黑泥层中，还有一条由砂层到黑泥层顶面的细裂缝，裂缝中夹有黄色的粉砂，缝隙的顶面沉积有一层薄薄的泥层，它应是一次地震的遗迹。黑泥层顶面地层的年代约在辽代，这处缝隙或是辽代幽州大地震形成的。

这条河道来自何处，暂时还无法得出结论，它可能来源于高粱河的分支河道，是高粱河摆动时形成的，它由国家大剧院南下，经琉璃厂至虎坊桥一带东转，也可能与蓟城附近的人工渠道或车箱渠有关，还有待于今后的调查。

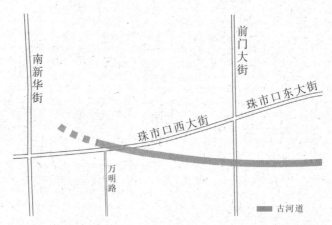

珠市口南侧古河道位置示意图

珠市口西大街南侧万明路北口外燃气管道工地古河道砂层

砂层中的古树

天桥下的古河渠

明清皇帝祭祀天坛和山川坛、先农坛的御路经过天桥，天桥下面的河道人们比较了解，它源于琉璃厂南下虎坊桥的河道，以及金中都东护城河遗留河道之水，二水汇于虎坊桥南面的下洼子，积蓄成湖，湖水东流经天桥至天坛北面的龙须沟湖群，与三里河南来之水合流，经天坛东面，由南城墙水关流出外城。过去有的研究者推测虎坊桥南面的下洼子湖泊为高粱河故道，但从地层剖面看，它只是明清时期的水塘，淤泥中含有明清时期瓷片，不是高粱河故道。

民国时期为便于通车，天桥的上部被拆改，20世纪五六十年代，为了修建管道沟，将天桥基座拆除，以至于天桥完全消失，难以寻觅。数年前，北京市测绘设计研究院曾利用探地雷达寻找天桥基础，可惜未能找到。不久前，有关部门再次寻找，据说已经找到。天桥河道是中轴线南部的重要河道。

天桥南面的水塘

在北京外城天桥以南，左有天坛，右有先农坛。在两坛之间，由天桥至永定门是中轴线上的石板御道，御道两侧又各有两条石板御路连接两边坛庙围墙上的垣门。乾隆在《正阳桥疏渠记》中称这条石板御路是"会极归极之宗"。乾隆是喜欢讲意义的人，他给予中轴线道路以"中"、皇权的意义。由于修筑道路、坛墙，大道两侧形成低洼地，与先农坛和天坛的地面相比，地势低了1米多。而总体地势又呈现为东高西低，清代受西北风影响，路东沙土堆积至天坛坛墙之半，而路西则潦水汇聚，成了臭水坑。于是乾隆于五十六年（1791）兴工整治，在御路东西两边各开三座水塘，"第一渠长各一百六十余 丈，宽北各三十余丈，南各二十丈，第二渠长各一百三十丈，宽各二十丈，第三渠长各五十五丈，宽各二十丈，深各三尺"。这里所说的渠就是水塘。疏浚水塘的土在池塘边堆筑土山，种植树木。"于是渠有水而山有林， 且以御风沙，弗致堙坛垣"，为城南增添了清澈的水面和佳景。但乾隆并不满足于此，对于这组池塘，他再次赋予中轴线的意义，《正阳桥疏渠记》："洁坛垣而钦闭祀，培九轨而萃万方，协坎离以亨既济（都城南为离位，今开浚水渠六，坎为水卦，是为水火既济之象，亨之道也），奠经涂以巩皇图。其在斯乎，其在斯乎。"中轴线南北两端的卦

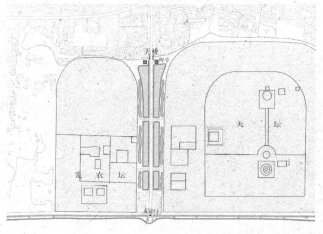

乾隆五十六年修筑天桥南池塘示意图

227

象在此叠合，呈现出皇图永固之象，这是他特别强调的。

水塘建好后，引来游人的诗句。嘉庆五年（1800）张问陶《天桥春望》诗："种柳开渠已十年，《旧闻》应补帝京篇。天桥南望风埃小，春水溶溶到酒边。（渠开于乾隆辛亥）"可知，塘边栽种的是柳树。于是"明波夹道且停车，人为临渊总羡鱼"[1]，路人不免被道旁美景吸引住了。

但乾隆引《易经》所做的意义阐释并没有被广泛认可，而后人反对它的理由则更属荒诞。嘉庆十八年（1813）天理教乱，一度攻入紫禁城，乾隆的这6个池塘竟为此背锅，人们认为它们水火相争，破坏了风水，遂引起变乱，于是朝廷不得不花费3.5万多两银子把池塘填了。[2]可是这个复原旧貌的工程似乎并不彻底，直到民国初年的地形图上，仍标有四处水域，嘉庆年间的复原工程或有偷工减料之嫌。其实，那里原本就地势低洼，易于积水，乾隆因势利导，修了水塘，以改善景观。此时虽然填埋，却未能改变地势低洼的状况，雨水照样汇集成塘。

乾隆在中轴线南端开展的这项环境整治工程，使人想到圆明园大宫门前的扇子河（又称扇面湖）。圆明园宫门前的御道两旁也曾地势低洼积水，乾隆皇帝亲自谋划，采取以工代赈的办法，调动当地村民，用三年的农闲季节，将臭水淤积的洼地，改造成圆明园的前湖——扇子河。扇子河十分成功，圆明园焚毁之后它仍然保存下来，直到2003年修建西苑早市才最后填平。乾隆热衷于水利建设，天桥洼地改造或许是参照了圆明园的经验，将臭水洼地变成城市生态景观。可是此一时彼一时，"三山五园"的经验在中轴线上遇到了麻烦，嘉庆年间反对者同样搬出风水的理由将其否定。不过在这个理由中，可以看到清王朝已经没有了乾隆时代的气势，宛如明末挖毁金陵一样，试图通过改变风水来挽救时运，呈现出衰落的征兆。

这组湖塘仅存在了20多年，就被填埋，但它并没有完全消失，部分水域延续到民国初年，存续了100多年。民国初年，曾有人利用临近天桥的水塘湿地开发游乐设施，凿池引水，种稻栽莲，建水心亭，[3] 成为一时之盛。后来在此基础上发展起天桥市场，成为北京民俗文化的代表地

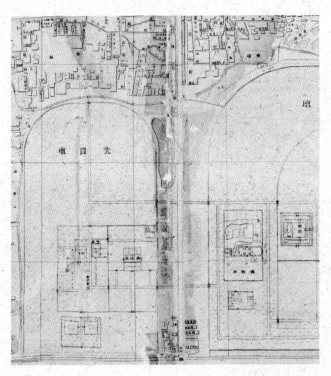

民国二年《实测北京内外城地图》中天坛与先农坛之间水塘、湿地（侯仁之存图）

之一。这些水塘在民国时期逐渐消失，在20世纪30年代的地图上，只有局部洼地遗存，水塘已无踪迹。其中先农坛庆成宫东面坛墙外的一块空地，一度成了行刑场。到20世纪50年代，所有区域都已被房屋和市场设施所覆盖。

此地是否真有水塘，又是何时消失的呢？2003年，趁着永定门内大街改造的机会，我前去调查，在大街西侧管道沟中，看到了民国之前水塘的灰色沉积地层，在此地层之上是以炉灰为主的填土，炉灰层之上，是现代填土。原来的湖底已埋在将近2米深的地下。将来可在永定门内大街旁的绿地中适度恢复一些水面，以展现乾隆年间的历史景象，并调节当地的生态环境。

天桥南大街西侧出土的水塘遗迹和炉灰填土层

注释：

1. 张江裁：《北平天桥志》，国立北平研究院总办事处出版课，1936年，第3页。
2. 刘文丰："天桥双碑"考略》，《北京学研究2020》，第154—164页。
3. 张江裁：《北平天桥志》，国立北平研究院总办事处出版课，1936年，第9页。

结语

北京城的中轴线是汉代以来中国都城中轴线发展的结晶，是唯一基本完整保存下来的都城中轴线，具有极高的文化价值。

古代都城及其中轴线设计，离不开它所依托的地理环境，北京城在设计、建设过程中，受到自然环境和人文因素的影响。在它的中轴线上，曾有多处河流和湖泊，这些河流、湖泊对宫殿选址和中轴线定位起到重要作用。其中古高粱河和高粱河故道及故道中的湖泊，是元大都选址和确定宫城位置的主要地貌要素，通惠河、金水河、护城河、金口河等都在中轴线上留下印记。

元大都城和明北京城并不存在宫殿中轴线和大城中轴线之别，刘秉忠所定是大内方向，所谓中轴线，主要是为大内宫殿设计服务的，为了表达皇家礼制的需要，大城显示的中轴线不过是大内宫殿中轴线的延伸，而不是各有一条中轴线。元代中轴线不在旧鼓楼大街，不在明清紫禁城内的断虹桥或武英殿一线，元大都宫殿中轴线与明代紫禁城中轴线是一致的，并没有因皇朝更迭而移位。元代海子东岸更靠近中轴线，影响到中轴线的定位。万宁桥北曾有晚唐至辽金时期的墓葬，火神庙或在元代移建于中轴线西侧，后向湖中扩展。万宁桥下的通惠河河道应是元代开凿，早期的"流泉"河道位于其东北。白米斜街当为元代海子湖岸，什刹海与北海之间的道路格局、湖泊位置并未因元明朝代更迭而改变，海子南岸在今什刹海南岸附近，元代海子与大内太液池之间有河道相通，那里在元代已架

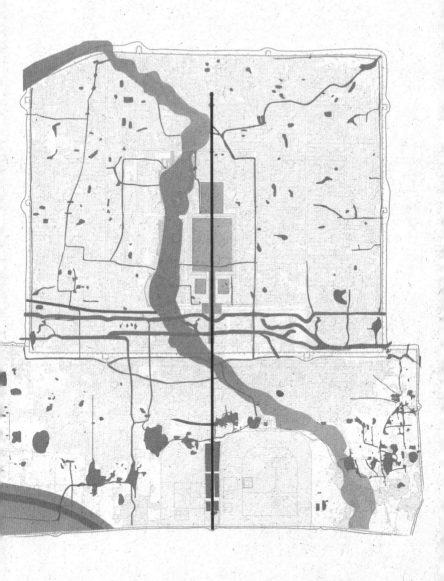

埋藏古河道与北京城中轴线

有石桥，即后世的西压桥。丙寅桥的"丙寅"是纪年不是方位。丽正门外的三座桥应是南北纵向排列的，它对我们分析大内方向有所帮助。元大都宫殿继承了西汉长安城开启的左宫右苑的格局，它的实现，得益于古高梁河故道及其湖泊。而在天坛与先农坛之间中轴线道路两侧，曾有湖塘，其遗址可加以利用。

北京老城的中轴线体现了人与自然的和谐，表达出天人合一的理念，形成园林城市的美景，具有生态环境建设的意义，这一切都与自然环境密不可分。我们在认识北京城中轴线时，需要对当地的地形、地貌特征有一定了解，它会帮助我们更好地了解中轴线，认识它的设计和发展过程。要实现这一点，除了依据文字的文献之外，还应阅读大地文献，尤其是要重视城市考古。